农业部新型职业农民培育规划教材

CUNJI DONGWU FANGYIYUAN

村级动物防疫员

王可　王忠坤　主编

中国农业出版社

编 写 人 员

主　　编　王　可　王忠坤
副 主 编　吕金科　温华梅　王贵升
参编人员　（按姓氏笔画排序）
于青海　田　野　李剑锋　吴巧玲　张　月

■ 编写说明

我国正处在加快现代化建设进程和全面建成小康社会的关键时期。我国的基本国情决定，没有农业的现代化就没有整个国家的现代化，没有农民的小康就没有全面小康社会。加快现代农业发展，保障国家粮食安全，持续增加农民收入，迫切需要大力培育新型职业农民，大幅提高农民科学种养水平。实践证明，教育培训是提升农民生产经营水平，提高农民素质的最直接、最有效途径，也是新型职业农民培育的关键环节和基础工作。为做好新型职业农民培育工作，提升教育培训质量和效果，农业部对新型职业农民培育教材进行了整体规划，组织编写了“农业部新型职业农民培育规划教材”，供各新型职业农民培育机构开展新型职业农民培训使用。

“农业部新型职业农民培育规划教材”定位服务培训、提高农民技能和素质，强调针对性和实用性。在选题上，立足现代农业发展，选择国家重点支持、通用性强、覆盖面广、培训需求大的产业、工种和岗位开发教材。在内容上，针对不同类型职业农民特点和需求，突出从种到收、从生产决策到产品营销全过程所需掌握的农业生产技术和经营管理理念。在体例上，打破传统学科知识体系，以“农业生产过程为向导”构建编写体系，围绕生产过程和生产环节进行编写，实现教学过程与生产过程对接。在形式上，采用模块化编写，教材图文并茂，通俗易懂，利于激发农民学习兴趣。

《村级动物防疫员》是系列规划教材之一，共有八个模块。模块一——基本技能和素质，简要介绍村级动物防疫员应掌握的基本知识与技能，应具备的职业道德，应了解的法律法规。模块二——基础知识，内容有动物疫病防控知识、疫苗知识和个人防护知识。模块三——动物保定，内容有动物保定常用结绳、人工保定技术和化学保定技术。模块四——免疫接种，内容有免疫接种器械的使用和保管、免疫接种前的准备、免疫接种技术、免疫接种后的工作。模块五——免疫程序，内容有免疫程序的制定、免疫程序推荐。模块六——畜禽标识和免疫档案建立，内容有家畜耳标的样式和佩带方法，耳标信息登记、录入与上传，耳标的回收与销毁，如何建立免疫档案。模块七——消毒和无害化处理，内容有消毒方法、常用消毒药物、消毒技术以及动物尸体装运和无害化处理方法。模块八——疫情报告，内容有疫情报告责任人、疫情巡查以及疫情报告的形式、内容、程序和时限。各模块附有技能训练指导、参考文献、单元自测内容。

目 录

模块一
基本技能和素质要求

村级动物防疫员是按照“村聘、乡批、县核、站管”的原则，经村民委员会选拔聘用、乡（镇）人民政府审批、县（市）畜牧兽医局审核、乡（镇）动物防疫检疫站管理，通过大、中专院校专业培训，经技能考核合格，并取得由县（市）畜牧兽医局颁发的《村级动物防疫员上岗证》的青年农牧民队伍。

近年来国内外重大动物疫情频繁发生。高致病性禽流感在全球范围内不断蔓延，对经济社会发展产生较为严重的影响。我国也先后多次发生较大规模的禽流感、猪蓝耳病疫情，对局部地区的农业农村经济发展造成严重危害。重大动物疫病防控的实践证明，要有效预防和控制重大动物疫情的发生和流行，必须进一步推进兽医管理体制改革，加强动物防疫体系建设，健全兽医工作队伍。村级动物防疫员队伍是动物疫病防控体系的基础，是动物强制免疫、畜禽标识加挂、免疫档案建立和动物疫情报告等重要防疫措施实施的主体力量，加强村级动物防疫员队伍建设，可以把动物防疫的网络延伸到基层，可以把动物防疫的意识强化到基层，可以把动物防疫的技术传递到基层，有利于禽流感、猪蓝耳病等重大动物疫情的早发现、早反应、早处置，有利于各项动物疫病防控措施的落实。

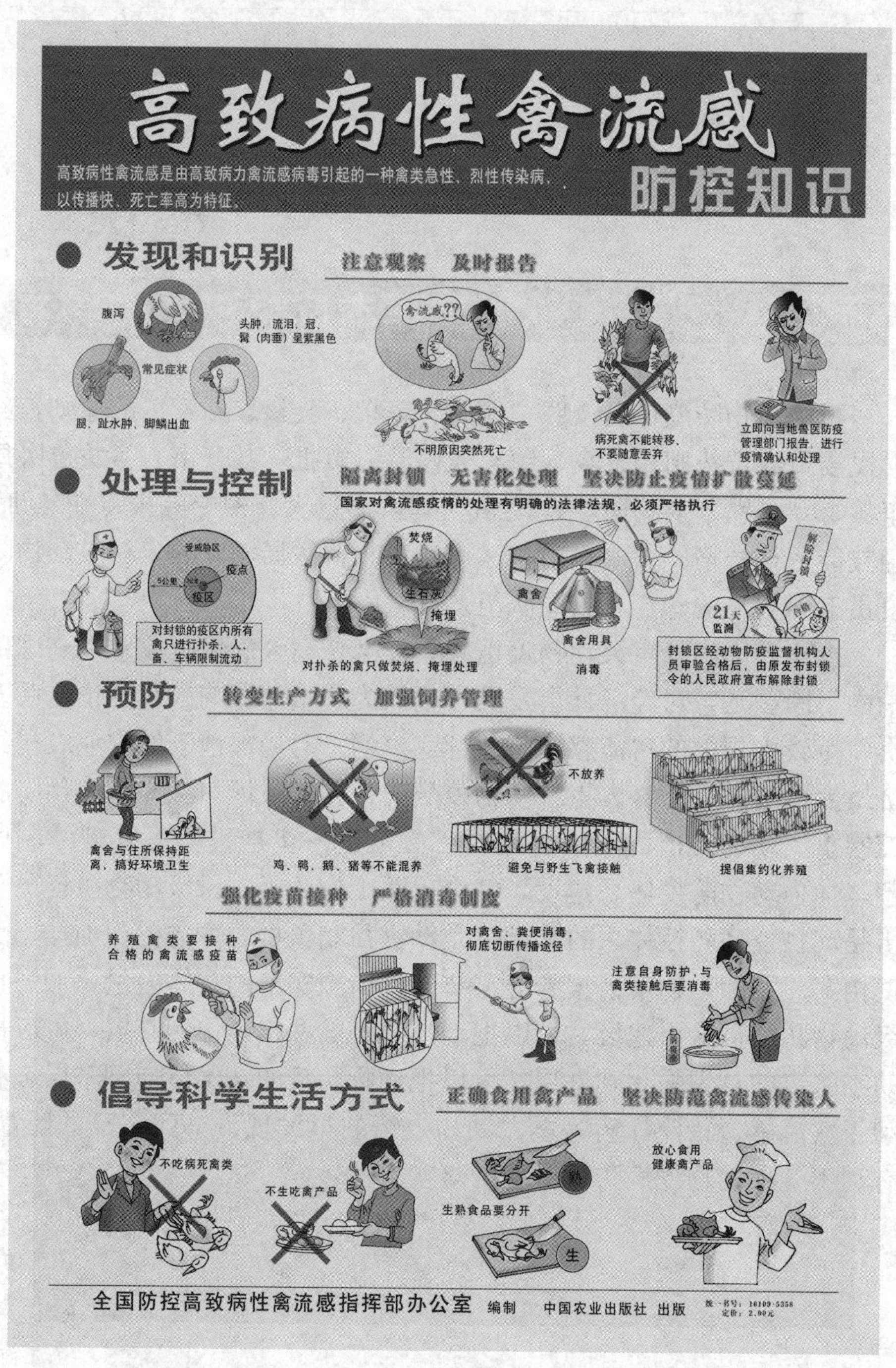

图 1-1　村级动物防疫员应积极宣传普及动物疫病防控知识

1 知识与技能要求

村级动物防疫员应具备以下基本知识和技能：

（1）熟悉《中华人民共和国动物防疫法》（以下简称《动物防疫法》）《兽药管理条例》《重大动物疫情应急条例》《乡村兽医管理办法》《国家中长期动物疫病防治规划（2012—2020年）》和《畜禽标识和养殖档案管理办法》等相关法律法规。

（2）了解村级防疫员的岗位职责和职业守则。

（3）掌握高致病性禽流感、口蹄疫、高致病性猪蓝耳病、猪瘟等重大动物疫病防控基础知识。

（4）掌握布鲁氏菌病、狂犬病等人畜共患病防控基础知识。

（5）了解新城疫等常见动物疫病和当地的地方流行病防控情况。

（6）掌握疫苗的作用和种类，了解经常使用的疫苗有哪些，能简单辨识疫苗真伪，判别疫苗是否有效。

（7）能掌握疫苗保存和运输条件。

（8）了解猪、牛、羊、犬等动物的保定方法，每种动物实际掌握一种以上保定技术。

（9）实际掌握家禽的饮水免疫、滴鼻免疫、皮下注射和肌内注射技术。

（10）了解高致病性禽流感、口蹄疫、高致病性猪蓝耳病、猪瘟等重大动物疫病的免疫程序。

（11）了解新城疫、狂犬病和当地经常免疫病种的免疫程序。

（12）会帮助养殖者制定适用于本场户的免疫程序。

（13）掌握免疫时机的选择、准备免疫物品和疫苗，掌握免疫前如何检查动物健康情况。

（14）了解个人防护的重要性，掌握防护方法。

（15）掌握免疫副反应的处理与预防，实际掌握免疫副反应处理方法。

（16）认识畜禽标识的作用，掌握佩戴操作技术、会录入信息并上传。

（17）能填写免疫登记表，建立免疫档案。

（18）了解动物防疫员疫情报告的职责。

（19）掌握疫情报告的要求，能发现动物染疫或疑似染疫情况，并及时报告疫情。

（20）认识消毒和无害化处理的重要性。

（21）掌握常用消毒药物的使用方法，能够使用常规消毒器械。

（22）能对相应场所进行消毒。

（23）了解无害化处理方法，掌握无害化处理具体技术。

2 职业道德

岗位职责

在当地兽医行政主管部门的管理下，在当地动物疫病预防控制机构和当地动物卫生监督机构的指导下，村级防疫员应按照“动物防疫、协助检疫、品种改良、疾病诊疗、畜禽管理、疫情报告、科普宣传”等职责，做好本职工作。

（1）协助做好动物防疫法律法规、方针政策和防疫知识宣传工作。

图 1-2　动物防疫知识宣传

（2）负责本区域的动物防疫工作，并建立动物养殖和免疫档案，严格动物“一畜一标”“一户一证”的管理制度。

图 1-3 佩戴动物标识

（3）负责对本区域的动物饲养及发病情况进行巡查，做好疫情观察和报告工作，协助开展疫情巡查、流行病学调查和消毒等防疫活动。

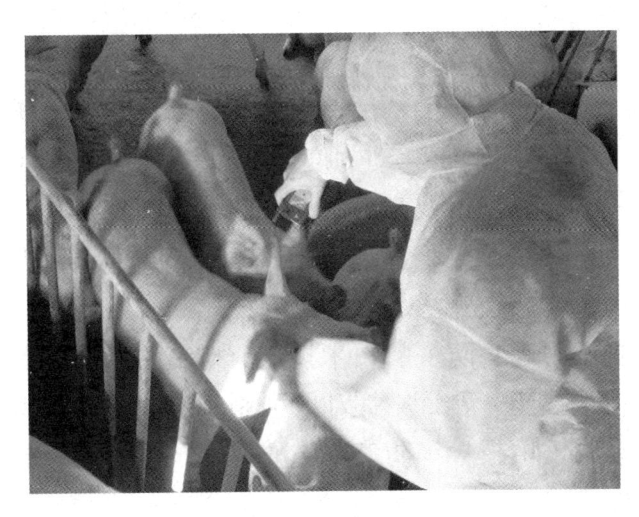

图 1-4 动物疫情巡查

（4）掌握本村动物出栏、补栏情况，熟知本村饲养环境，了解本地动物多发病、常见病，协助做好本区域的动物产地检疫及其他监督工作。

（5）参与重大动物疫情的防控和扑灭等应急工作。

（6）做好当地政府和动物防疫机构安排的其他动物防疫工作任务。

图 1-5 入户调查登记

图 1-6　养殖场消毒

职业守则

（1）掌握动物防疫相关的法律法规和管理办法。村级动物防疫员要认真学习《动物防疫法》《动物疫情报告管理办法》《重大动物疫情应急条例》等法律法规以及高致病性禽流感、口蹄疫、猪瘟等防治技术规范，并将法律法规和管理办法中有关要求应用到动物防疫工作中，做到知法、懂法、守法、宣传法。

（2）认真学习动物防疫的技术技能。村级防疫员必须认真学习动物疫病防控技术技能，熟练掌握动物强制免疫、畜禽标识加挂、免疫档案建立和动物疫情报告等防疫措施的技术技能，能完成并胜任各项基层防控工作。

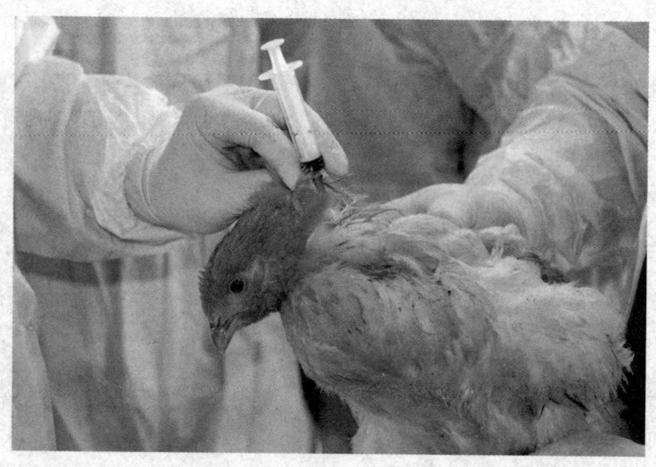

图 1-7　学习专业技术技能

（3）积极参加培训，不断提高动物疫病防控技术水平。村级防疫员要不断参加培训，掌握动物疫病防控的新技术、新要求和疫病流行的新特点，不断提高基层防控工作的能力和水平。

图 1-8 参加防控技术培训

（4）认真负责，有强烈的责任感。村级防疫员在基层防控工作中要认真负责、吃苦耐劳、勤勤恳恳、尽职尽责，有强烈的责任感，做好基层防控工作。

3 聘用与管理

（1）村级动物防疫员的业务工作接受乡镇兽医站的领导，实行目标管理责任制，同时接受农牧民的监督。乡镇兽医站对每个防疫员划定责任片区，片区可以为一个行政村，也可以几个自然村集中连片或者按牲畜头数来划定，按照农区4 000～5 000只羊单位，牧区5 000～8 000只羊单位的动物防疫标准来配置，原则上每个村不少于 1 人；地形复杂、草场面积较大、牲畜分散的村组可以根据实际情况增加。

（2）在从事防疫过程中必须按照国家规定的技术规范进行操作。所使用的疫（菌）苗、驱虫及消毒药品等必须由乡镇兽医站统一供应，村级动物防疫员严禁从事采购、零售、转让等经营活动，并根据物价部门的有关收费标准收取防疫费用，由乡镇兽医站出具收费凭证，村级动物防疫员代为收取，年终按合同签订的比例兑现。

（3）村级动物防疫员的劳动报酬采取财政定额补助和动物防疫有偿技术服务收入相结合的办法解决。每个村级动物防疫员每年财政定额补助标准不低于该县（市）农民人均收入水平，定额补助主要用于为村级动物防疫员缴纳失业保险金、养老保险金和医疗保险金，余额部分作为生活补助，并根据经济发展水平调整待遇。定额补助资金要列入财政预算，由县（市）畜牧兽医部门统管。村级动物防疫员动物防疫有偿服务收入按照与乡镇兽医站签订的合同比例兑现，返还村级动物防疫员防疫费的比例为80%（不含疫苗费用）。

（4）县（市）畜牧兽医部门和县（市）、乡镇两级动物防疫机构要加强对村级动物防疫员队伍的业务管理和技术指导，并会同乡镇对村级动物防疫员定期进行业务考核，对工作业绩突出的予以表彰奖励，对不履行职责的要及时解聘，对违反《动物防疫法》的，要依法追究法律责任。

村级动物防疫员的解聘和责任追究

1. 村级动物防疫员的解聘。村级动物防疫员发生下列情形之一的，要解聘。

（1）无故不参加培训学习，或理论考试和技能考核不合格的。

（2）因病、伤残等无法继续从事动物防疫工作的。

（3）离岗、超龄、自动退职的。

（4）发生紧急疫情时不服从统一调度的。

（5）一年内不能按时完成计划免疫工作任务的。

（6）其他原因不能胜任本职工作的。

2. 村级动物防疫员的责任追究。村级动物防疫员发生下列情形之一的，要追究责任。

(1) 不按规定实施防疫或防疫质量低，导致疫情发生的。

(2) 瞒报、谎报、延报重大动物疫情，并造成严重后果的。

(3) 伪造《防疫、检疫证明》的。

(4) 不按规范操作，严重失职的。

(5) 倒卖疫苗、防疫检疫证章和标志的。

(6) 有其他违反法律、法规行为的。

(5) 加大对村级动物防疫员的管理和培训，提高其业务水平。一是精心组织、严格选拔。结合各地实际，制定严格的选拔条件、选拔程序、工资待遇、职责任务、培训计划、考核管理措施，按照公开公正、公平的原则择优选拔。二是落实待遇，加强管理。村级动物防疫员的待遇实行与工作绩效挂钩，根据考核结果和任务完成情况定期发放。对村级动物防疫员的管理实行聘用制，聘用期1～3年，每年春秋两次对其考核，主要考核工作态度、工作绩效和业务水平，对确实不能履行职责、不能胜任工作的，予以解聘。村级动物防疫员隶属乡镇政府和县（市）级畜牧兽医局双层领导，并服从当地乡镇畜牧兽医站的指导和技能培训。三是强化培训，提高素质，针对村级动物防疫员队伍中人员素质参差不齐、专业知识水平低的实际情况，定期举办培训班，培训内容包括畜牧兽医法律法规、专业知识及实际操作技能等。

4 法律法规

村级动物防疫员在工作中应了解和掌握与专业相关的法律法规，并严格遵守。相关法律法规包括：《动物防疫法》《重大动物疫情应急条例》《兽药管理条例》《乡村兽医管理办法》《国家中长期动物疫病防治规划（2012—2020年）》等。

《动物防疫法》

《动物防疫法》的施行是动物防疫工作的重要里程碑，是保障我国养殖业发展，维护人体健康的法律。村级动物防疫员需要了解以下内容：

（1）县级以上地方人民政府兽医主管部门组织实施动物疫病强制免疫计划。乡级人民政府、城市街道办事处应当组织本管辖区域内饲养动物的单位和个人做好强制免疫工作。

（2）饲养动物的单位和个人应当依法履行动物疫病强制免疫义务，按照兽医主管部门的要求做好强制免疫工作。经强制免疫的动物，应当按照国务院兽医主管部门的规定建立免疫档案，加施畜禽标识，实施可追溯管理。

（3）从事动物疫情监测、检验检疫、疫病研究与诊疗以及动物饲养、屠宰、经营、隔离、运输等活动的单位和个人，发现动物染疫或者疑似染疫的，应当立即向当地兽医主管部门、动物卫生监督机构或者动物疫病预防控制机构报告，并采取隔离等控制措施，防止动物疫情扩散。其他单位和个人发现动物染疫或者疑似染疫的，应当及时报告。

（4）染疫动物及其排泄物、染疫动物产品，病死或者死因不明的动物尸体，运载工具中的动物排泄物以及垫料、包装物、容器等污染物，应当按照国务院兽医主管部门的规定处理，不得随意处置。

（5）发生一类动物疫病时，县级以上地方人民政府应当立即组织有关部门和单位采取封锁、隔离、扑杀、销毁、消毒、无害化处理、紧急免疫接种等强制性措施，迅速扑灭疫病。

（6）在封锁期间，禁止染疫、疑似染疫和易感染的动物、动物产品流出疫区，禁止非疫区的易感染动物进入疫区，并根据扑灭动物疫病的需要对出入疫区的人员、运输工具及有关物品采取消毒和其他限制性措施。

《重大动物疫情应急条例》

《重大动物疫情应急条例》构架起我国应对重大动物疫情的快速

反应机制，对迅速控制、扑灭重大动物疫情，提出具体措施。村级动物防疫员需要了解以下内容：

（1）重大动物疫情报告内容包括：疫情发生的时间、地点；染疫、疑似染疫动物种类和数量、同群动物数量、免疫情况、死亡数量、临床症状、病理变化、诊断情况；流行病学和疫源追踪情况；已采取的控制措施；疫情报告的单位、负责人、报告人及联系方式。

（2）重大动物疫情发生后，对疫点应当采取下列措施：①扑杀并销毁染疫动物和易感染的动物及其产品。②对病死的动物、动物排泄物、被污染饲料、垫料、污水进行无害化处理。③对被污染的物品、用具、动物圈舍、场地进行严格消毒。

对疫区应当采取下列措施：①在疫区周围设置警示标志，在出入疫区的交通路口设置临时动物检疫消毒站，对出入的人员和车辆进行消毒。②扑杀并销毁染疫和疑似染疫动物及其同群动物，销毁染疫和疑似染疫的动物产品，对其他易感染的动物实行圈养或者在指定地点放养，役用动物限制在疫区内使役。③对易感染的动物进行监测，并按照国务院兽医主管部门的规定实施紧急免疫接种，必要时对易感染的动物进行扑杀。④关闭动物及动物产品交易市场，禁止动物进出疫区和动物产品运出疫区。⑤对动物圈舍、动物排泄物、垫料、污水和其他可能受污染的物品、场地，进行消毒或者无害化处理。

（3）在工作中对于不履行疫情报告职责，瞒报、谎报、迟报或者授意他人瞒报、谎报、迟报，阻碍他人报告重大动物疫情的，或在重大动物疫情报告期间，不采取临时隔离控制措施，导致动物疫情扩散的，将对主要负责人、负有责任的主管人员和其他责任人员，依法给予记大过、降级、撤职直至开除的行政处分；构成犯罪的，依法追究刑事责任。

《兽药管理条例》

《兽药管理条例》启动了对兽药的法制化管理工作，加强了兽药生产、使用的监督，保证了兽药质量与安全。村级动物防疫员应当遵守国务院畜牧兽医行政管理部门制定的兽药安全使用规定，禁止使用假兽药、劣兽药，经常检查所使用的兽药质量、疗效和安全性。发现兽药中毒事故，必须及时向当地畜牧兽医行政管理部门报告。

《乡村兽医管理办法》

《乡村兽医管理办法》对加强乡村兽医从业管理，提高乡村兽医业务素质和职业道德水平，保障乡村兽医合法权益，提出了具体管理办法。

（1）乡村兽医可以优先确定作为村级动物防疫员。

（2）乡村兽医在动物诊疗服务活动中，应当按照规定处理使用过的兽医器械和医疗废弃物。

（3）乡村兽医在动物诊疗服务活动中发现动物染疫或者疑似染疫的，应当按照国家规定立即报告，并采取隔离等控制措施，防止动物疫情扩散。

（4）乡村兽医在动物诊疗服务活动中发现动物患有或者疑似患有国家规定应当扑杀的疫病时，不得擅自进行治疗。

（5）发生突发动物疫情时，乡村兽医应当参加当地人民政府或者有关部门组织的预防、控制和扑灭工作，不得拒绝和阻碍。

《国家中长期动物疫病防治规划（2012—2020年）》

该规划提出了2012—2020年我国动物疫病防治工作的指导思想、发展目标、主要任务和相应对策，是今后一个时期指导动物疫病防治工作的纲领性文件。村级动物防疫员需要了解以下内容：

（1）逐步控制和扑灭重点动物疫病。有计划地控制、净化、消灭对畜牧业和公共卫生安全危害大的重点病种，对优先病种率先启动单项防治计划。完善动物疫病监测和流行病学调查机制，定期评估动物卫生状况，适时调整防治策略，严格执行疫情报告制度，推进重点病种从免疫临床发病向免疫临床无病例过渡，力争消灭马鼻疽，口蹄疫等重大动物疫病达到控制标准，部分区域猪瘟、家畜布鲁氏菌病达到净化标准，部分区域狂犬病达到控制标准。

（2）推进追溯体系建设和区域化管理。继续推进动物标识及动物产品追溯体系建设，提高耳标佩带率及信息采集传输量，实现中央、省级数据中心互联互通和跨省流通动物快速追踪溯源。支持和鼓励无特定病原场、生物安全隔离区和无规定动物疫病区建设。积极推进无疫区示范区和有条件地区的评估认证，适时推动已建成无疫区的国际认可。

（3）推进兽医人才队伍建设。按照“稳定队伍、提升能力、推进专业化”要求，加强乡村兽医队伍建设和管理，全面开展乡村兽医培训，健全完善基层动物防疫工作经费补助政策。逐步建立新型兽医人才培养机制和经费保障机制，将兽医队伍培训纳入各级财政保障。建立兽医人才队伍信息化管理库，逐步推进信息化、自动化和网络化管理。

学习笔记

模块二 基础知识

1 动物疫病防控知识

动物疫病的分类

动物疫病是指动物传染病、寄生虫病。

动物传染病由病原微生物引起，具有一定的潜伏期和临床症状，且具有传染性。按病原体分类：有细菌病、病毒病、霉形体病、衣原体病、放线菌病、立克次氏体病、螺旋体病、霉菌病等，其中除病毒病外，习惯上将由其他病原体引起的疾病统称为细菌性传染病。

（一）一类动物疫病

一类疫病对人与动物危害严重，大多数为发病急、死亡快、流行广、危害大的急性、烈性传染病或人畜共患的传染病。按照法律规定，此类疫病一旦发生，应采取以封锁疫区、扑杀和销毁动物为主的扑灭措施。

（二）二类动物疫病

二类疫病是指可能造成重大经济损失，需要采取严格控制、扑灭等措施的疫病。由于该类疫病的危害性、流行强度、传播能力以及控制和扑灭的难度、对人畜的危害等不如一类疫病大，因此按法律规定，此类疫病应根据需要采取必要的控制、扑灭措施。必要时，采取与一类疫病相似的强制性措施。

（三）三类动物疫病

三类疫病是指常见多发，可造成重大经济损失，需要控制和净化的动物疫病。该类疫病流行强度小、发展慢，法律规定应采取检疫净化的方法，并通过预防、改善环境条件和饲养管理等措施控制。

动物疫病病种名录

一类动物疫病（17种）

口蹄疫、猪水泡病、猪瘟、非洲猪瘟、高致病性猪蓝耳病、非洲马瘟、牛瘟、牛传染性胸膜肺炎、牛海绵状脑病、痒病、蓝舌病、小反刍兽疫、绵羊痘和山羊痘、高致病性禽流感、新城疫、鲤春病毒血症、白斑综合征。

二类动物疫病（77种）

多种动物共患病（9种）：狂犬病、布鲁氏菌病、炭疽、伪狂犬病、魏氏梭菌病、副结核病、弓形虫病、棘球蚴病、钩端螺旋体病。

牛病（8种）：牛结核病、牛传染性鼻气管炎、牛恶性卡他热、牛白血病、牛出血性败血病、牛梨形虫病（牛焦虫病）、牛锥虫病、日本血吸虫病。

绵羊和山羊病（2种）：山羊关节炎脑炎、梅迪—维斯纳病。

猪病（12种）：猪繁殖与呼吸综合征（经典猪蓝耳病）、猪乙型脑炎、猪细小病毒病、猪丹毒、猪肺疫、猪链球菌病、猪传染性萎缩性鼻炎、猪支原体肺炎、旋毛虫病、猪囊尾蚴病、猪圆环病毒病、副猪嗜血杆菌病。

马病（5种）：马传染性贫血、马流行性淋巴管炎、马鼻疽、马巴贝斯虫病、伊氏锥虫病。

禽病（18种）：鸡传染性喉气管炎、鸡传染性支气管炎、传染性法氏囊病、马立克氏病、产蛋下降综合征、禽白血病、禽痘、鸭瘟、鸭病毒性肝炎、鸭浆膜炎、小鹅瘟、禽霍乱、鸡白痢、禽伤寒、鸡败血支原体感染、鸡球虫病、低致病性禽流感、禽网状内皮组织增殖症。

兔病（4种）：兔病毒性出血病、兔黏液瘤病、野兔热、兔球虫病。

蜜蜂病（2种）：美洲幼虫腐臭病、欧洲幼虫腐臭病。

鱼类病（11种）：草鱼出血病、传染性脾肾坏死病、锦鲤疱疹病毒病、刺激隐核虫病、淡水鱼细菌性败血症、病毒性神经坏死病、流行性造血器官坏死病、斑点叉尾鮰病毒病、传染性造血器官坏死病、病毒性出血性败血症、流行性溃疡综合征。

甲壳类病（6种）：桃拉综合征、黄头病、罗氏沼虾白尾病、对虾杆状病毒病、传染性皮下和造血器官坏死病、传染性肌肉坏死病。

三类动物疫病（63种）

多种动物共患病（8种）：大肠杆菌病、李氏杆菌病、类鼻疽、放线菌病、肝片吸虫病、丝虫病、附红细胞体病、Q热。

牛病（5种）：牛流行热、牛病毒性腹泻/黏膜病、牛生殖器弯曲杆菌病、毛滴虫病、牛皮蝇蛆病。

绵羊和山羊病（6种）：肺腺瘤病、传染性脓疱、羊肠毒血症、干酪性淋巴结炎、绵羊疥癣，绵羊地方性流产。

马病（5种）：马流行性感冒、马腺疫、马鼻腔肺炎、溃疡性淋巴管炎、马媾疫。

猪病(4 种)：猪传染性胃肠炎、猪流行性感冒、猪副伤寒、猪密螺旋体痢疾。

禽病（4 种)：鸡病毒性关节炎、禽传染性脑脊髓炎、传染性鼻炎、禽结核病。

蚕、蜂病（7 种)：蚕型多角体病、蚕白僵病、蜂螨病、瓦螨病、亮热厉螨病、蜜蜂孢子虫病、白垩病。

犬猫等动物病（7 种)：水貂阿留申病、水貂病毒性肠炎、犬瘟热、犬细小病毒病、犬传染性肝炎、猫泛白细胞减少症、利什曼病。

鱼类病（7 种)：鮰类肠败血症、迟缓爱德华氏菌病、小瓜虫病、黏孢子虫病、三代虫病、指环虫病、链球菌病。

甲壳类病（2 种)：河蟹颤抖病、斑节对虾杆状病毒病。

贝类病（6 种)：鲍脓疱病、鲍立克次体病、鲍病毒性死亡病、包纳米虫病、折光马尔太虫病、奥尔森派琴虫病。

两栖与爬行类病（2 种)：鳖腮腺炎病、蛙脑膜炎败血金黄杆菌病。

(2008 年 12 月 11 日农业部第 1125 号公告)

动物疫病的特征

在临床上，尽管不同传染病的表现千差万别，同一种传染病在不同种类动物身上的表现也多种多样，甚至对同种动物不同个体的致病作用和临床表现也有所差异，但传染病具有一些共同的特征。

(一) 发生和流行的基本环节

1. 传染原。指病原体能在其中生长、繁殖并能向外排出的活的动物，传染原也即受感染的动物，包括患病动物和带菌、带毒动物。动物带菌、带病毒现象可见于潜伏期、传染病恢复期及健康状态下三种情况，而这三种情况往往被人们所忽视，因这些动物的带菌、带毒不易被发现。

2. 传播途径。指病原体从传染原排出后通过一定方式再侵入其他动物所经历的途径。它可分为水平传播和垂直传播两大类，前者是指在群体或个体之间的水平横向传播，后者是从亲代到子代之间的传播。其中水平传播又可分为直接接触传播和间接接触传播。前者是指传染原直接与易感动物接触而引起的传播，不需任何外界环境参与，例如狂犬病只有在动物被病畜直接咬伤时才有可能发生。间接接触传播是病原体在外界环境因素参与下，通过传播媒介使易感动物发生传染的方式，其中从传染源将病原体传播给易感动物的各种外界环境因素叫做传播媒介。传播媒介可以是生物如昆虫、鸟类、人类等，也可以是非生物如空气、土壤、饲料、工具、粪便和饮水等。单独由直接接触传播的传染病很少，且不会形成广泛流行。大多数传染病以间接接触传播为主，同时也可直接接触传播，这些传染病叫做接触性传染病。

3. 易感动物。指对某种病原体无免疫抵抗力、容易感染的动物。病原体只有侵入有易感性的动物，才能引起传染病的发生和流行。

了解传染病发生和流行的三个必备环节，主要是为了采取相应措施来切断这些环节，从而达到控制和消灭传染病的目的。三个环节中只要有一个环节被切断，就可阻止传染病的发生。例如平常对病畜或动物进行的治疗、扑杀及检疫等，主要是控制和消灭传染源；采取各种卫生消毒措施及掩埋、焚烧病畜尸体等主要是切断传播途径；而加强饲养管理、进行免疫接种主要是将易感动物转变为非易感动物。

（二）流行形式

依据传染病的流行范围、传播速度、发病率的高低以及病例间的联系程度等，有以下几种流行形式。

1. 散发性。动物传染病在一定时间内呈散在性发生或零星出现，而且各个病例在时间和空间上没有明显联系的现象。散发性传染病出现的原因主要有：动物群对某种传染病的免疫水平相对较高；某种传染病通常主要以隐性感染的形式出现；某种传染病的传播需要特定的条件，如狂犬病和破伤风等。

2. 地方流行性。在一定地区或动物群中，传染病流行范围较小并具有局限性传播的特性，如猪气喘病、猪丹毒、炭疽等通常以这种形式流行。地方流行性的含义包括：一定地区内的动物群中某病的发病率比散发性略高，且总是以相对稳定的频率发生；某些特定疾病的发生和流行具有明显的地区局限性。

3. 流行性。在某一时间内一定动物群中某种传染病的发病率超过预期水平的现象。流行性是一个相对的概念，仅说明传染病的发病率比平时升高，不同地区中存在的不同传染病被称作流行时，其发病率的高低并不一致。一般来说，流行性疾病具有传播能力强、传播范围广和发病率高等特性，在时间、空间和动物群间的分布也不断变化。

4. 暴发。在局部范围的一定动物群中，短期内突然出现较多病例的现象。实际上，暴发是流行的一种特殊形式。

5. 大流行性。某些传染病具有来势猛、传播快、受害动物比例大和波及面广的流行现象。此类传染病的流行范围可达几个省、几个国家甚至整个大洲，如牛瘟、口蹄疫、流感和新城疫等病在一定的条件下均可以这种方式流行。

以上几种流行形式之间，在发病数量和流行范围上没有量的绝对界限，只是一个相对量的概念。而且某些传染病在特殊的条件下，可能会表现出不同的流行形式，如鸡新城疫和猪瘟等，有时会以地方流行性的形式出现，有时则以流行性或暴发的形式出现。

6. 季节性。某些动物传染病经常发生于一定的季节，或在一定季节内出现发病率明显升高的现象。传染病流行的季节性分为三种情况：

（1）严格季节性。病例只集中在一年内的少数几个月份，其他月份几乎没有病例发生的现象。传染病流行的严格季节性与这类疾病的传播媒介活动性有关，如日本乙型脑炎只流行于每年的6～10月等。

（2）季节性升高。一些传染病，如钩端螺旋体病、传染性胃肠炎、气喘病、鸡毒支原体感染、流感和口蹄疫等在一年四季均可发生，但在一定季节内发病率明显升高的现象。传染病流行的季节性升高，主要是季节变化能够直接影响病原体在外界环境中的存活时间、动物机体的抗病能力以及传播媒介的活动性。

（3）无季节性。一年四季都有病例出现，并且无显著性差异的疾病流行现象。一些慢性或潜伏期长的传染病，如结核病和鼻疽等发病时通常就无季节性差异。

传染病流行的季节性变化受动物群的密度、饲养管理、病原体的特性、传播媒介以及其他生态因素变化的影响。了解疾病季节性升高的原因及影响因素，便于更有效地采取防制措施。

7. 周期性。在经过一个相对恒定的时间间隔后，某些传染病如牛流行热和口蹄疫等可以再次发生较大规模流行的现象。牛、马等大动物每年群体更新的比例不大，几年后易感个体的数量可达到引起再度流行的比例，因此这类动物的某些传染病常有周期性流行的特点；而繁殖率高、群体更新快的猪和禽等动物的传染病，则很少出现周期性流行现象。

传染病周期性流行出现的原因主要是：某些传染病的传播机制容易实现，动物群受到感染的机会很多；某些传染病在一次流行后，动物获得的免疫力会随着时间的推移而逐渐消失，随着新生动物和新引入动物数量的不断增加，一旦有病原体的传入，便可在数量足够多的易感动物群中传播而引起再度流行。

（三）发展阶段

各种传染病虽然表现不相同，但其发展过程具有严格的规律性，大致可分为以下四个阶段：

1. 潜伏期。从病原体侵入动物机体并进行繁殖时起，到该种传染病的最初症状开始出现时止，这段时间称为潜伏期。不同传染病的潜伏期长短也不同，同一种传染病在不同情况下其潜伏期长短也会有变化。一般急性传染病的潜伏期短，慢性传染病的潜伏期长。了解传染病的潜伏期有重要意义：一是可以引起对潜伏期动物的注意。二是在新引进动物时，其隔离观察期的长短依据所要检查的某种传染病的潜伏期而定。三是在发生严重传染病进行封锁后，解除封锁的时间也依据该种传染病的潜伏期而定。

2. 前驱期。是传染病的征兆阶段，即只开始出现疾病的一般症状如发热、食欲减退、精神不振等，而该病的特征症状仍不明显。不同的传染病其前驱期长短也不相同。

3. 明显期。也叫病极期，某种传染病的特征症状明显表现出来，在诊断上比较容易识别。

4. 转归期。也叫恢复期，是疾病的最后阶段。若病原体致病性强而动物抵抗力弱，则往往以动物死亡为转归；反之，则以动物康复为转归。康复动物在一定时期内保留免疫能力，并会有带菌、带毒现象，但大多数情况下，病原体会被从体内消灭或清除。

重大动物疫病防控

重大动物疫病是指等发病率或者死亡率高的动物疫病。发生突然，迅速传播，给养殖业生产安全造成严重威胁、危害以及可能对公众身体健康与生命安全造成危害，包括特别重大动物疫情。重大动物疫病包括高致病性禽流感、口蹄疫、高致病性蓝耳病、猪瘟等疫病。

（一）基本原则

1. 依法治疫。《动物防疫法》是我国动物疫病防治工作的法律依据，是防疫灭病的有力武器，“依法治疫”是防治动物传染病的基本方略。

2. 认真贯彻“预防为主”的方针。动物传染病易传播蔓延，造成大批动物发病、死亡，严重危害人、畜健康。并且动物传染病一旦传播流行，控制和消灭难度很大，不仅要消耗巨大的人力、物力和财力，而且还需要相当长的时间。因此，认真贯彻“预防为主”的方针，下大力气做好预防工作，是十分重要的。

3. 采取综合性防治措施，并狠抓主导措施落实。影响动物传染病流行的因素十分复杂，任何一种防治措施都有其局限性，因此，预防、控制和消灭任何一种传染病都必须针对动物传染病流行的三个环节采取综合性措施，相辅相成，才能收到较好的效果。但是，采取综合性防治措施，也不能把针对三个环节的措施同等对待，而应根据不同的传染病、不同时期、不同地区等具体情况，经科学分析，选择最易控制和消灭动物传染病的措施为重点（这些措施称为主导措施），并狠抓落实，才能取得成效。

4. 因地制宜，持之以恒。每种动物传染病流行特点各不相同，每种传染病不同时期、不同地区流行特点也各不相同。因此，预防、控制和消灭动物传染病必须根据每种传染病的不同特点，以及在不同时期、不同地区具体特点，因地制宜，采取有针对性的措施，才能取得成效。动物传染病流行因素十分复杂，控制和消灭一种传染病，必须经过一个相当长的艰巨过程，才能取得成效。因此，必须坚持不懈、持之以恒，才能最终控制和消灭一种传染病。

（二）防控措施

动物传染病的防控措施，通常分为预防措施和扑灭措施两部分。前者是平时经常进行的，以预防动物传染病发生为目的；后者是以消灭已经发生的传染病为目的。两者相互联系，互为补充。

1. 预防措施。

（1）建立健全兽医卫生防疫制度。搞好动物舍与环境卫生；做好消毒、定期杀虫灭鼠、定期进行粪便无害化处理，并做好记录记载。禁止动物与外人或外单位的动物接触。

（2）科学饲养管理，增强动物的抵抗力。贯彻自繁自养的原则，减少疫病传入，对引入动物要严格检疫、隔离。

（3）拟订和执行定期预防接种和补种计划。必须根据本地常发传染病的种类和目前疫病流行情况，制定切实可行的不同动物的免疫程序，按免疫程序进行预防接种，使动物群中从新生到屠宰或淘汰的动物都可获得特异抵抗力，降低对传染病的易感性，以保证全群免疫和常年免疫。为了保证免疫质量，还要特别注意科学地保存、运送和使用疫（菌）苗。

（4）加强免疫监测。建立免疫监测制度，提高免疫应答的整齐度，避免免疫空白期和免疫麻痹是预防感染的关键。通过检测抗体水平，确定最佳免疫时机，通过免疫前后抗体检查，及时对免疫效果进行评估。

(5) 认真贯彻执行出入境检疫、产地检疫和屠宰检疫等各项工作，及时了解疫情动态，及时发现患病动物，及时消灭传染源。

(6) 各地动物防疫监督机构要加强疫病监测、诊断工作，有计划地对传染病进行消灭和控制，并防止外来疫病的侵入。

(7) 坚持搞好动物检疫和疫病监测，注意观察所饲养的动物，发现异常要立即上报，以便早期发现疫病，并及时采取相应防治措施。控制和消灭传染源，是疫病防治的重要措施。

2. 疫情监测和预警。对重大动物疫病采取预防为主的方针，实施疫情监测和预警制度。

(1) 疫情监测。国家动物疫情测报体系按照农业部的统一部署，负责对全国分布或区域分布的重大动物疫情进行监测，中国动物疫病预防控制中心等机构负责技术指导和提供标准诊断试剂。各省动物疫情测报中心实施监测，按照监测结果组织疫情净化和根除工作，并将监测结果按照统一的格式报告中国动物疫病预防控制中心。

(2) 疫情预警。中国动物疫病预防控制中心和各省动物疫情测报中心根据重大动物疫病流行规律，对重大动物疫情进行风险分析，根据监测结果进行汇总、分析后实施疫情预警，并及时向有关部门和各地通报，提高生物安全和公共卫生水平。各地要据此加强防范措施，降低风险和预防疫病的发生。

3. 疫情报告和确认。

(1) 疫情报告。任何单位和个人发现动物或与动物有密切接触史的人发生人畜共患病临床可疑症状，或者发现重大动物疫情而动物疫情不明情况的，应向当地兽医行政管理部门和动物防疫监督机构报告或通报。报告内容主要包括：发病时间、地点、发病数、死亡数、病畜临床症状、传染源、传播途径、病理剖检变化、微生物学诊断结果、初诊病名以及所采取的控制、扑灭措施，划定疫点、疫区、受威胁区的范围。同级人民政府决定对疫区实行封锁，并由政府通报毗邻地区，以便采取相应措施。

（2）疫情确认。重大动物疫情按程序认定，以实验室诊断结果为判定依据。动物防疫监督机构接到疫情报告后，立即派出2名以上具备相关资格的防疫人员进行疫情调查和诊断，提出初步诊断意见；对怀疑为重大动物疫情的，应采取病料，按要求送省级动物防疫监督机构实验室进行诊断，诊断结果为阳性的，可以确认为重大动物疫情。特殊情况，由农业部指定实验室进行确认；疫情确认后，省动物防疫监督机构在2小时内报告省兽医行政主管部门、省人民政府和农业部。

4. 疫情分级。突发重大动物疫情分为四级。一级疫情：在数个省份多个地（市）行政区域内呈多发态势。二级疫情：1个省份2个以上地（市）行政区域内呈多发态势。三级疫情：1个地（市）行政突发重大人畜共患病的处置区域内发生疫情。四级疫情：1个地（市）行政区域内发生疫情。

5. 应急指挥和部门分工协作。

（1）启动应急指挥系统。发生一级疫情时，农业部启动应急指挥系统，组织疫区省份实施疫情扑灭，非疫区省份加强预防。发生二级疫情时，启动省级人民政府应急指挥系统，组织市、县人民政府扑灭疫情。发生三级疫情时，启动地（市）人民政府应急指挥系统，组织疫区县人民政府扑灭疫情。

（2）部门分工协作。县级以上人民政府兽医行政主管部门应当制订疫点、疫区、受威胁区的处理方案，动物防疫监督机构负责疫情监测、流行病学调查、疫源追踪，对发病动物和同群动物的扑杀进行技术指导，实施检疫、消毒、无害化处理和紧急免疫接种。卫生部门负责人间疫情的控制、流行病学调查、疫源追踪，宣传防护知识。交通、公安、工商行政管理、出入境检疫检验等有关部门，应当在各自职责范围内做好应急所需要的物资储备、应急处理经费落实、社会治安维护、动物及动物产品市场交易监管、口岸检疫、防疫知识宣传等工作。

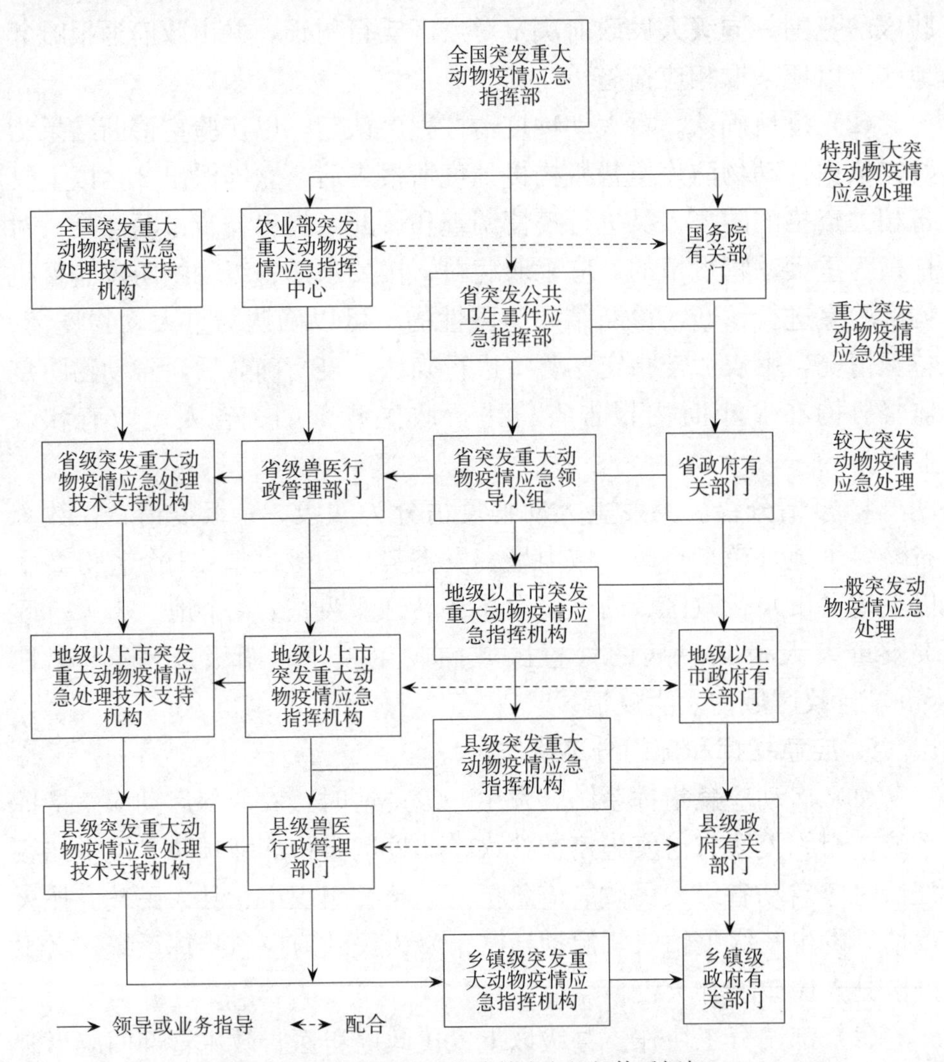

图 2-1 突发重大动物疫情应急组织体系框架

图 2-2 突发重大动物疫情控制部门间分工协作

6. 控制、扑灭措施。

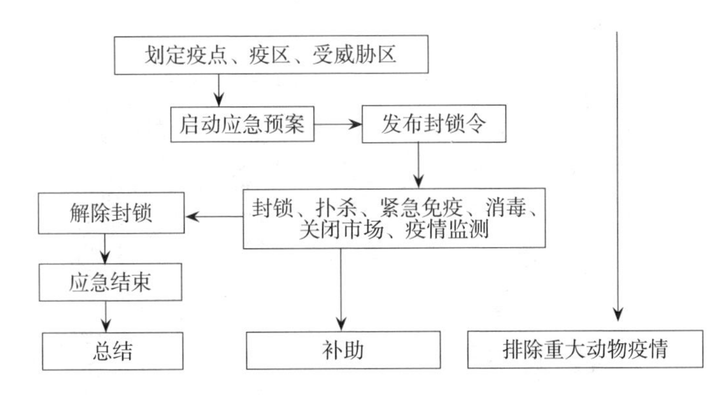

图 2-3　重大动物疫情控制、扑灭流程

（1）封锁疫区。封锁是为了防止传染病由疫区向安全地区传播，把疫病控制在最小范围内。封锁时，既要有防疫观点，也要有生产观点和群众观点。在有关场所张贴封锁令，在疫区周围设置警示标志；在出入疫区的所有路口，都要设置动物检疫消毒站，对出入疫区的人员、运输工具及有关物品采取消毒和其他限制性措施；动物卫生监督机构应当派人在当地依法设立的现有检查站执行监督检查任务，必要时，经省、自治区、直辖市人民政府批准，可以设立临时性的动物卫生监督检查站，执行监督检查任务。

图 2-4　封锁疫区

（2）隔离。疫区内未被扑杀的易感动物，在该疫病一个潜伏期观察期满前，禁止移动。隔离期间严禁无关人员、动物出入隔离场所，隔离场所的废弃物，应当进行无害化处理，同时，密切注意观察和检测，加强保护措施。

图 2-5　隔离易感动物

（3）扑杀。扑杀的范围依动物疫病的种类而异。通常情况下，疫点内染疫动物、疑似染疫动物及易感动物都要扑杀；对疫区内染疫动物、疑似染疫动物及同群（即同一栋、舍）动物要扑杀；受威胁区动物进行紧急免疫接种，加强疫情监测和免疫效果监测。

图 2-6　扑杀染疫动物

（4）销毁。对病死的动物、扑杀的动物及其动物产品、垫料等予以深埋或者焚烧，消灭或杀灭其中的病原体。销毁环节很重要，动物卫生监督机构要加强监督。

图 2-7 处理带病原体的物品

(5) 消毒。对疫点、疫区的消毒可分为封锁期间消毒和终末消毒。选择针对病原效果好的消毒剂，做到消毒到位，不留死角。及时清除粪便和污物、污水。及时杀虫、灭鼠。蚊、虻、螫、蝇、蜱和鼠类等都是某些传染病的传播者，杀虫、灭鼠对防控传染病具有重要意义。

图 2-8 疫点消毒

（6）无害化处理。对带有或疑似带有病原体的动物尸体、动物产品或其他物品，采用不同的消毒方法进行处理，达到消灭传染源、切断传播途径、阻止病原扩散的目的。

图 2-9　病死动物无害化处理

（7）紧急免疫接种。对疫区内未被扑杀的易感动物和受威胁区内的易感动物进行紧急免疫接种。

图 2-10　紧急免疫接种

（8）其他强制性措施。主要有关闭疫区内及一定范围的所有动物及其产品交易场所等。

7. 解除封锁。疫点内所有的畜禽及其产品按规定处理后，在当地动物防疫监督机构的监督下，进行彻底消毒。在封锁21天（猪瘟40天）后，经动物防疫监督人员审验，认为可以解除封锁时，由当地畜牧兽医行政管理部门向原发布封锁令的政府申请发布解除封锁令。疫区解除封锁后，要继续对该区域进行疫情监测，6个月后如未发现新的疫情，即可宣布该次疫情被扑灭。

图2-11 解除封锁

8. 保障措施。

（1）技术保障。首先组织开展重大人畜共患病诊断技术、监测技术的研究和标准化工作；其次是建立中央和省级重大人畜共患病专家委员会，进行技术指导；三是开展重大人畜共患病防控技术研究，密切关注国外疫情；四是加强实验室建设和管理，确保实验室生物安全。

(2) 物资保障。国家重点储备人员保护的防护用品、诊断试剂；省、县级重点储备无害化处理用品，疫苗、封锁设施、消毒用品等；发生过重大人畜共患病的老疫区县也要做好有关防疫物资储备。

(3) 资金保障。重大动物疫情预防和扑灭经费应纳入各级财政预算，所需资金应由中央和地方财政按规定比例分担。

(4) 人员保障。地方各级人民政府组建突发重大动物疫情应急预备队，进行重大人畜共患病防控技术培训和演习；各级动物防疫监督和卫生防疫监督机构都要加强重大人畜共患病的科学普及宣传，进行正确的舆论引导，尽量减少人们不必要和过分的恐慌；进行科学防治知识的宣传，及早控制和扑灭疫情。

人畜共患病防控

人畜共患病是指由同一种病原体引起，流行病学上相互关联，在人类和动物之间自然传播的疫病。人畜共患病的分类方法很多，总的讲，可以根据病原、流行环节、分布范围、防控策略等需要分类。按病原分为三类：一类为病毒性人畜共患病，如口蹄疫、狂犬病等；一类为细菌性人畜共患病，如布鲁氏菌病、结核病等；另一类为寄生虫性人畜共患病，如血吸虫病、钩端螺旋体病等。人畜共患病主要对人类健康、畜牧业安全生产、畜产品安全和公共卫生造成重大危害，从而造成巨大的经济损失，导致人类大批死亡、残疾和丧失劳动能力，带来生物灾害，影响社会稳定。

人畜共患病发生后，一般的人畜共患病疫情按照有关技术规范进行确诊和处理，而对于突发性重大人畜共患病疫情，应依据《动物防疫法》《重大动物疫情应急条例》传染病防治法等法律法规的有关规定进行处置；其次是贯彻早快严的处置原则。在监测、根除和预防重大动物疫情的基础上，一旦发生疫情，要迅速作出反应，采取封锁疫区和扑杀染疫动物、消毒环境等果断措施，及时控制和扑灭疫情，实施早快严的处置原则。

人畜共患病的防控应参照重大动物疫病的防控措施，在其基础上，还要做好以下工作：

（1）发生重大人畜共患病疫情，兽医主管部门与卫生行政管理部门要密切协作，建立联防机制，加强疫情通报，共同在现场完成流行病学调查、疫情的处理、疫情预测、预警、扑灭等工作。卫生部门负责人间疫情的控制、流行病学调查、疫源追踪、防护知识宣传等。

（2）当地卫生部门立即组织对疫区“易感染人群”——与发生人畜共患病的病（死）畜禽密切接触者和人畜共患病病例的密切接触者，包括牧民、饲养员、兽医、动物性食品加工人员、卫生防疫人员以及从事实验室的检测工作者等进行监测，一旦受到感染应及时予以隔离和治疗。

（3）“四不准，一处理”原则：即对染疫动物做到不准宰杀、不准食用、不准出售、不准转运。对病死动物、污染物或可疑污染物进行深埋、焚烧等无害化处理。对污染的场地进行彻底清理、消毒。用不完的疫苗和用具不能随意丢弃，应做高温处理。

（4）加强个人防护，防疫人员不仅要穿防护服和注意消毒，做好个人防护，更要遵守正确的操作程序，按照技术规范进行操作，同时要加强各项生物安全管理。

（5）提高免疫力，给人群和动物群进行免疫接种，提高抗病能力。

其他常见动物疫病防控

发生其他常见动物疫病，如新城疫等以及地方流行病时，当地县级以上地方人民政府兽医主管部门应当立即组织动物卫生监督机构、动物疫病预防控制机构及其有关人员到现场划定疫点、疫区、受威胁区，并及时报告同级人民政府。接受报告的地方人民政府应当根据发病死亡情况、流行趋势、危害程度等情况，决定是否组织兽医主管部门、公安部门及有关单位和人员对疫点、疫区和受威胁区的染疫动物及同群动物、疑似染疫动物、易感动物采取隔离、扑杀、销毁、无害化处理、紧急预防接种、限制易感动物及其动物产品及有关物品出入等控制、扑灭措施。但患有农业部规定的疫病需扑杀的动物应进行扑杀，当地县级以上人民政府必须决定捕杀。一般情况下对同群动物，通常不采取扑杀措施。发生这类疫病时，不采取封锁疫区的措施，但疫病呈暴发性流行（该动物疫病在较短时间内、在一定区域范围流行或者使大批动物患病死亡）时，要按照重大动物疫病处理。

（一）一般疫情的防控措施

一般疫情是指在县行政区域内，局部乡镇零星发生，病畜和疫点数较少；在边远、地广人稀的地方局部流行。一般疫情控制工作由县政府负责。疫情发生后，县畜牧兽医管理部门要迅速了解情况，掌握疫情态势，确定疫情严重程度，划定疫点、疫区、受威胁区，提出控制措施建议，并立即向县政府报告。同时按照疫情报告程序迅速逐级上报，直至农业部。县政府要立即组织牧业、工商、卫生、财政、公安、交通等有关部门，采取紧急处理措施，扑灭疫情，切断传播途径，做好疫区内生产、生活安排，保证疫情控制工作顺利进行。

一般疫情由于不一定采取扑杀措施，所以，隔离措施就十分重要。隔离是将未扑杀的染疫动物、疑似染疫动物及其同群动物与其他动物间隔离，在相对独立的封闭场所进行饲养，并按照农业部规定的防治技术规范进行消毒、药物治疗、免疫等。治疗应遵照“六不治”原则：即对易传播、危害大、疾病后期、治疗费用大、疗程长、经济价值不大的病例，应坚决予以淘汰。同时禁止该疫点动物及其产品出售。

（二）重大疫情的防控措施

重大疫情是指在县行政区域短时间内有 2 个乡镇发生疫情，在局部出现流行，并有继续扩大蔓延趋势；在 30 日内连续出现 6 个疫点以上；30 日内发病禽在 5 000～10 000 只。

重大疫情发生后，县畜牧兽医行政管理部门应当迅速了解疫情发生的时间、地点、发病情况，确定疫情严重程度，分析疫情发展趋势，提出应急工作方案，报县政府，同时将疫情上报省牧业管理局。

县政府负责组织、指挥本行政区域疫情控制应急工作。对疫情控制工作进行安排部署，及时调集人员、物资、资金；组织督促乡镇政府及有关部门立即采取紧急措施，控制疫情的发展、蔓延；将控制、扑灭疫情方案及时报上级政府和牧业部门；按上级的要求做好各项扑灭工作。

（1）划定疫点、疫区、受威胁区、并封锁疫区，在通往疫区的主要交通道口设立临时动物防疫监督检查站，停止疫区内易感动物（产品）的屠宰、加工和交易活动，严禁病畜、易感动物及其产品以及可能污染的物品运出。

（2）对病畜及同群应当立即扑杀，并做好扑杀后做无害化处理；对疫区内受污染的场所实施消毒，对污染物进行无害化处理。

（3）对疫区、受威胁区的易感动物实施紧急免疫接种，建立免疫带。

（4）对疫区的易感动物及其产品加强检疫、监督。

（5）封锁令的解除。疫区内没有新的病例发生，疫点内所有病死禽、被扑杀的同群禽及其禽类产品按规定处理 21 天后，对有关场所和物品进行彻底消毒，经动物防疫监督机构审验合格后，由当地兽医主管部门提出申请，由原发布封锁令的人民政府发布解除封锁令。

2 疫苗知识

疫苗的种类

疫苗是用具有良好免疫原性的微生物（包括寄生虫），经繁殖和处理后制成的用以接种动物能产生相应的免疫力、预防疾病的一类生物制剂。疫苗的种类如图 2-12 所示。

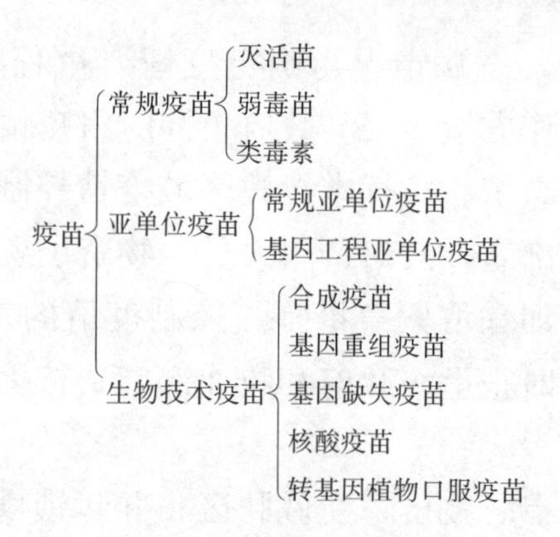

图 2-12 疫苗的种类

（一）常规疫苗

常规疫苗是指由细菌、病毒、立克次氏体、螺旋体、支原体等完整微生物或某些细菌产生的外毒素制成的疫苗。

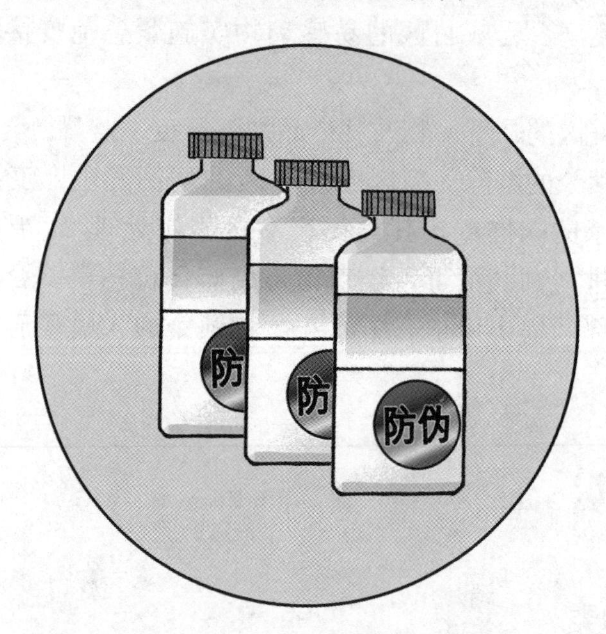

图 2-13 使用带有防伪标识的正规疫苗

1. 灭活苗。又称为死疫苗，是将含有细菌或病毒的材料利用物理或化学的方法处理，使其丧失感染性和毒性而保持有免疫原性，并结合相应的佐剂，动物接种后能产生自动免疫、预防疾病的一类生物制品。如新城疫油乳剂灭活苗等。细菌或病毒在机体内不能生长繁殖，灭活苗稳定，易于保存，无毒力回复突变危险。

2. 弱毒苗。是微生物的自然强毒株通过物理的、化学的和生物学的方法，连续传代，使其对原宿主动物丧失致病力，或只引起亚临床感染，但仍保持良好的免疫原性、遗传特性的毒株所制成的疫苗。如猪瘟兔化弱毒苗、新城疫Ⅳ系苗。细菌或病毒在机体可生长繁殖，如同轻度感染，故接种次数少、用量较小，接种后不良反应亦小。活疫苗的缺点是稳定性较差，不易保存，有毒力回复突变可能，故必须严格制备和鉴定。

3. 类毒素。由某些细菌产生的外毒素，经适当浓度（0.3%～0.4%）甲醛脱毒后而制成的生物制品，如破伤风类毒素。

（二）亚单位疫苗

一是微生物经物理和化学方法处理，除去无效的毒性成分，提取其有效抗原部分，如细菌的荚膜、鞭毛、病毒的囊膜、衣壳蛋白等。二是通过基因工程方法由载体表达的微生物免疫原基因产物，经提取后制备的疫苗，如鸡传染性贫血基因工程亚单位苗。亚单位疫苗可减少无效抗原组分所致不良反应，毒性显著低于全菌苗。

（三）生物技术疫苗

1. 合成疫苗。将具有免疫保护作用的人工合成抗原肽结合到载体上，再加入佐剂制成的制剂，称为合成疫苗，如乙型肝炎病毒多肽苗。

2. 基因重组疫苗。将病原微生物的免疫原基因，通过分子生物学方法将其克隆到载体 DNA 中，实现遗传性状的转移与重新组合，再经载体将目的基因带进受体，进行正常复制与表达，从而获得增殖物供制苗用，或直接将活载体接种宿主动物，直接在其体内表达，诱导免疫反应，如以鸡痘病毒为载体的重组新城疫活疫苗，这类疫苗是目前的主要研究方向。

3. 基因缺失疫苗。应用基因操作技术，将病原微生物中与致病性有关的毒力基因序列除去或失活，使之成为无毒株或弱毒株，但仍保持有良好的免疫原性。这种基因缺失株稳定性好，不会因传代复制而恢复毒力，如伪狂犬基因缺失苗。

4. 核酸疫苗。将一种病原微生物的免疫原基因，经质粒载体DNA接种给动物，能在动物体细胞中经转录翻译合成抗原物质，刺激被免疫动物产生保护性免疫应答。它既具有亚单位疫苗或灭活疫苗的安全性，又具有活疫苗的免疫全面的优点。

5. 转基因植物口服疫苗。将编码病原微生物有效蛋白抗原的基因和高表达力质粒一同植入植物（如番茄、马铃薯等）的基因组中，由此产生一种经过基因改造的转基因植物。该植物根、茎、叶和果实出现大量的特异性免疫原，经食用即完成一次预防接种。

小常识

免 疫 应 答

（一）非特异性免疫

又称为先天性免疫，是指动物生来就已具有的对某种病原微生物及其有毒产物的不感受性。这种免疫性是该种动物的一种生物学特性，可以遗传。

构成动物机体天然防御的非特异性因素很多，其中主要的是皮肤黏膜等的生理屏障作用、体液中的杀菌因素、吞噬细胞的吞噬作用、炎症反应以及机体组织的不感受性等。

1. 机体的生理屏障作用。包括皮肤黏膜及淋巴结的生理屏障和血脑及血胎屏障。

2. 生物拮抗作用。在健康动物的皮肤、黏膜及与外界相通的腔道中，常常寄居着多种微生物，它们之间的相互制约和拮抗作用，可以抑制病原微生物的生长繁殖，阻挡其侵袭。

3. 正常体液中的免疫物质。血液及淋巴液等正常体液中含有多种杀菌物质，包括补体、溶菌酶、β-溶解素、备解素及干扰素等，这些物质的直接杀菌作用，虽然不如吞噬细胞作用强大，但在配合其他杀菌物质发挥作用上是重要的。

4. 单核—吞噬细胞系统的作用。动物机体内，吞噬能力最强大的是巨噬细胞，其次是单核细胞和中性粒细胞。

巨噬细胞来源于骨髓干细胞，在骨髓内分化成幼单核细胞，进入血液，即为单核细胞。单核细胞在血流中经1～2天后移行到组织，成为具有强吞噬力的巨噬细胞，定居于结缔组织及各个脏器，因而有着各种名称，如在疏松结缔组织中的称为组织细胞，在腹腔渗出液中游走的单核细胞称为巨噬细胞，在脏器中固定的巨噬细胞有：肝脏的星形细胞、骨组织的破骨细胞、肺脏的尘细胞、神经系统的小胶质细胞及其他器官血管的内皮细胞等。因而有人将这些具有高度吞噬活力的表面有抗体受体和补体受体的巨噬细胞，统称为单核—吞噬细胞系统或巨噬细胞系统。这一细胞系统是真正负责清除异物的巨噬细胞，特别是能吞噬被抗体和补体调理过的细菌颗粒等。嗜碱性和嗜酸性粒细胞，也有一定的吞噬作用。

5. 炎症反应。当病原微生物侵入机体的皮下或黏膜下层时，局部时常出现炎症反应。因为炎症可给局部带来各种类型的吞噬细胞，使体液防御因素大量聚积，其他组织细胞死亡崩解后，释放出各种抗感染物质——白细胞素、吞噬素和溶菌酶等，所以炎症过程能减缓和阻止病原微生物经组织间隙向机体的其他部位扩散。

6. 机体组织的不感受性。指某些机体组织生来就对某些病原微生物或其毒性产物缺乏感受性，这种不感受性并非因为病原微生物在机体内丧失了致病力，或者是由于抗体和吞噬细胞等的作用所造成的，而是动物组织对该种病原微生物或其毒性产物没有反应性的缘故。

（二）特异性免疫

又称为获得性免疫，是指动物机体在生后获得的对某种病原微生物及其有毒产物的不感受性。获得性免疫具有特异性，即动物机体只是对一定种类的病原微生物有抵抗力，而对其他的病原微生物仍有感受性。获得性免疫分自然自动免疫、自然被动免疫、人工自动免疫、人工被动免疫四类。

1. 自然自动免疫。动物在自然条件下感染了某种传染病痊愈后，常能产生对该病原体的免疫力。

2. 自然被动免疫。动物在胚胎发育时期通过胎盘或出生后通过初乳，从免疫的母体获得抗体而形成的免疫。

3. 人工自动免疫。动物由于接种了某种菌苗、疫苗或类毒素等生物制品以后所产生的免疫。为了预防和控制传染病，常需定期给动物接种菌苗、疫苗等生物制品。

4. 人工被动免疫。机体在注射了高浓度免疫血清或康复动物的血清后所获得的免疫，其作用产生迅速，但持续时间很短，多用于治疗或紧急预防。

为了预防初生动物的某些常发传染病，先期给妊娠母畜接种菌苗或疫苗，使其获得或者加强抗该病的免疫力，待分娩后，经初乳授予仔畜以特异性抗体，从而建立相应的免疫力，是人工自动免疫和自然被动免疫的综合应用。

（三）特异免疫应答

特异免疫应答主要是由细胞免疫和体液免疫完成的。

1. 细胞免疫应答。指T细胞受到抗原刺激后分化增殖为致敏淋巴细胞，当致敏淋巴细胞与相应抗原再次接触后，除直接杀伤抗原物质外，还能释放多种淋巴因子，发挥免疫作用。这种免疫应答在机体防御某些细菌、真菌、病毒传染方面，在组织器官移植方面某些自身免疫性疾病及肿瘤免疫中起重要作用。

2. 体液免疫应答。指B细胞受到抗原刺激后，经过一系列分化增殖，成为浆细胞并分泌产生抗体，与相应抗原结合发生免疫反应。因抗体主要存在于体液中，故称体液免疫。它在防御细菌及病毒性传染病方面都有重要作用。

（四）抗体产生的一般规律

1. 初次应答。指抗原第一次进入机体引起的免疫应答。其抗体生成有以下规律。

（1）抗原首次进入机体，需经一定的潜伏期（5～10天）才产生抗体。

（2）产生抗体的滴度低，在体内维持时间短。

（3）产生抗体的类型首先是IgM，随后出现IgG。

（4）抗体的亲和力低。

2. 再次应答。指相同抗原再次进入机体引起的免疫应答。

（1）抗原进入机体,经较短的潜伏期(1～3天）就产生抗体。

（2）抗体滴度高，在体内维持时间长。

（3）抗体以IgG为主。

（4）抗体的亲和力高。再次应答的细胞学基础是在初次应答的过程中形成了记忆B细胞。

掌握抗体产生的规律在兽医实践中具有重要的意义。疫苗接种或制备免疫血清，应采用再次或多次加强免疫，以产生高滴度、高亲和力的抗体，获得较好的免疫效果。免疫学诊断时，特异性IgM的检测可用于传染病的早期诊断。检测IgG等抗体，要在传染病的早期和恢复期取动物的双份血清，如抗体滴度增长4倍才具有诊断价值。

疫苗的标注

（一）有效期

疫苗的有效期是指在规定的贮藏条件下能够保持质量的期限。有效期按年、月顺序标注：①年份：4 位数。②月份：2 位数。

疫苗有效期的计算是从疫苗的生产日期（生产批号）算起。如某批疫苗的生产批号是 20060731，有效期 2 年，即该批疫苗的有效期到 2008 年 7 月 31 日止。如具体标明有效期到 2008 年 06 月，表示该批疫苗在 2008 年 6 月 30 日之前有效。

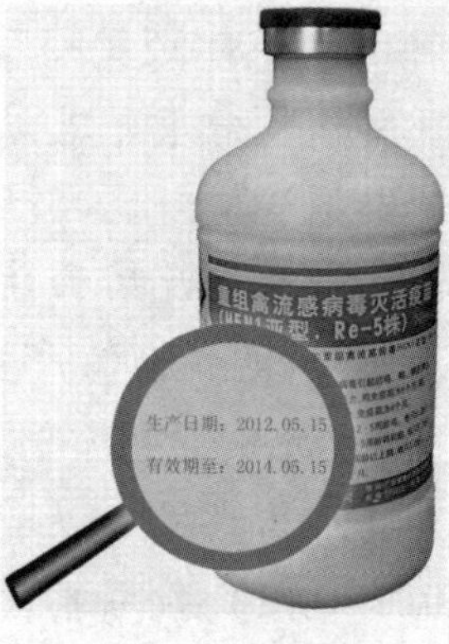

图 2-14　疫苗的有效期

（二）失效期

疫苗的失效期是指疫苗超过安全有效范围的日期。如标明失效期为 2007 年 7 月 1 日，表示该批疫苗可使用到 2007 年 6 月 30 日，即 7 月 1 日起失效。

疫苗的有效期和失效期虽然在表示方法上有些不同，计算上有差别，但任何疫苗超过有效期或达到失效期者，均不能再销售和使用。

（三）批准文号

疫苗批准文号的编制格式为：类别名称＋年号＋企业所在地省份序号＋企业序号＋品种编号。

1. 类别名称。血清制品、疫苗、诊断制品、微生态制品等的类别简称为“兽药生字”；中药材、中成药、化学药品、抗生素、生化药品、放射性药品、外用杀虫剂和消毒剂等的类别简称为“兽药字”。

2. 年号。在括号内用 4 位阿拉伯数字表示，即核发兽药产品批准文号时的年份。

3. 企业所在地省份序号。兽药生产企业所在地省、自治区、直辖市序号，用 2 位阿拉伯数字表示。北京市 01；天津市 02；河北省 03；山西省 04；内蒙古自治区 05；辽宁省 06；吉林省 07；黑龙江省 08；上海市 09；江苏省 10；浙江省 11；安徽省 12；福建省 13；江西省 14；山东省 15；河南省 16；湖北省 17；湖南省 18；广东省 19；广西壮族自治区 20；海南省 21；四川省 22；重庆市 23；贵州省 24；

云南省25；西藏自治区26；陕西省27；甘肃省28；青海省29；宁夏回族自治区30；新疆维吾尔自治区31。

4. 企业序号。生产企业按所在省、自治区、直辖市排序，用3位阿拉伯数字表示，由农业部公告。

5. 品种编号。用4位阿拉伯数字表示，由农业部规定并公告。

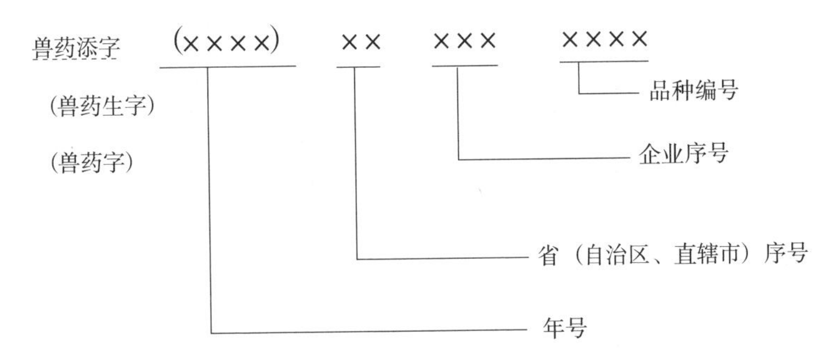

图2-15　疫苗的批准文号格式

疫苗的贮藏与运输

（一）疫苗的贮藏

要认真阅读疫苗的使用说明书，严格按照说明书规定的要求贮藏。根据不同疫苗品种的贮藏要求，设置相应的贮藏设备，如低温冰柜、电冰箱、液氮罐、冷藏柜等。

图2-16　疫苗贮藏条件的控制

（1）活疫苗一般要求在－15℃条件下贮藏，温度越低，保存时间越长，如猪瘟活疫苗、鸡新城疫活疫苗等。

（2）灭活疫苗一般要求在2～8℃条件下贮藏，不能低于0℃，更不能冻结，否则疫苗将失去效果，如口蹄疫灭活疫苗、禽流感灭活疫苗等。

（3）细胞结合型疫苗如马立克氏病血清Ⅰ、Ⅱ型疫苗等，必须在液氮中（－196℃）贮藏。

（4）所有疫苗都应贮藏于冷暗、干燥处，避光，防止潮湿。

（5）指定专人负责，建立记录档案，详细登记、注明生产厂家、制品的名称、批准文号、批号、使用方法和剂量等。按各制品的要求条件严加管理，每日检查和记录贮藏温度。

图 2-17 疫苗贮藏时登记记录

（6）对贮藏的制品应根据不同的品种分别贮藏，并有明显标志，注明品种、规格、数量及贮藏日期。检验不合格或已过有效期的制品，须从库中及时清出销毁。

（二）疫苗的运输

运送生物制品应采用最快的运输方法，尽量缩短运输时间。凡要

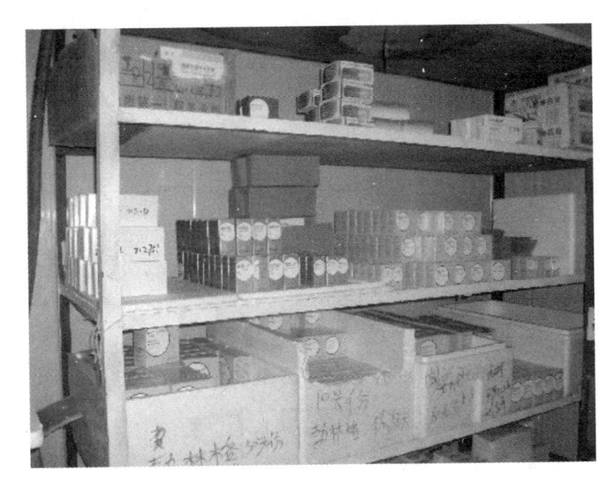

图 2-18　疫苗分类存放

求 2～8℃贮存的灭活疫苗、诊断液及血清等。宜在同样温度下运送。凡须低温贮存的活疫苗，应按制品标准中要求的温度进行包装运输。所有运输过程，必须严防日光暴晒，如在夏季运送，应采用降温设备，冬季运送液体制品，则应注意防止制品冻结。经销和使用单位收到生物制品后应立即清点登记，尽快放到规定的温度下贮藏，并设专人负责保管，如发现运输条件不符合规定，包装不符合规格，或货、单不符，批号不清等异常现象，应及时与生产企业联系解决。

图 2-19　疫苗运输专用冷藏车

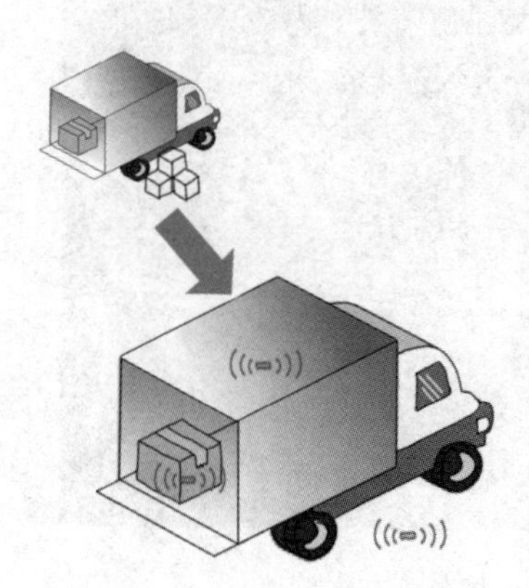

图2-20　疫苗运输的信息化管理

3 个人防护知识

村级动物防疫员在从事动物疫病的防治中，特别是从事动物传染病的防治工作中，许多动物疫病通过细菌、病毒、传播媒介等会感染人发病，损害人体健康，甚至危及生命，因此，应当接受专业防护技术培训，熟练掌握职业防护规范操作，保障自身的安全和健康。

防护用品的使用

个人防护用品是保证动物防疫工作安全的一个重要组成部分。当技术措施尚不能消除生产和生活中的危险和有害因素，达不到国家标准和有关规定时或不能采取技术措施时，佩带个人防护用品就成为防御外来伤害、保证个人安全和健康的唯一手段。

防疫人员工作时应着防护服装，也是职业标志，要求应做到严肃、庄重、整洁、美观、大方、合体。既要符合消毒隔离、防止交叉感染和保护防疫人员的原则，又必须有利工作，行使监督，便于区别。防护服装包括隔离防护服、帽子、乳胶手套、口罩、胶靴等，一次性防护服技术要求符合 GB 19082-2003，医用防护口罩技术要求符合 GB 19083-2003。

（一）防护用品的穿戴

穿戴防护用品的顺序和方法如下：

步骤一：戴口罩。口罩的使用与保存如果不正确，不仅起不到防护作用，病毒、细菌等还会随呼吸运动进入体内。戴口罩时一只手托着口罩，扣于面部适当的部位，另一只手将口罩带戴在合适的部位，压紧鼻夹，紧贴于鼻梁处。在此过程中，双手不接触面部任何部位。口罩上缘在距下眼睑 1 厘米处，口罩下缘要包住下巴，口罩四周要遮掩严密。不戴时应将贴脸部的一面叠于内侧，放置在无菌袋中，杜绝将口罩随便放置在工作服兜内，更不能将内侧朝外，挂在胸前。真正起防护作用的口罩，其厚度应在 20 层纱布以上。一般情况下，口罩使用 4～8 小时更换一次。若接触严密隔离的传染源，应立即更换。每次更换后用消毒洗涤液清洗。如果工作条件允许，提倡使用一次性口罩，4 小时更换一次，用毕后丢入污物桶内。

图 2-21　防护用品的穿戴

步骤二：戴帽子。戴帽子时注意双手不接触面部。戴沿应遮住耳的上沿，头发尽量不要露出。

步骤三：穿防护服。

步骤四：戴上防护眼镜。注意双手不接触面部。

步骤五：穿上鞋套或胶鞋。

步骤六：戴上手套。将手套套在防护服袖口外面。

（二）防护用品的摘除

摘除防护用品的顺序和方法如下：

步骤一：摘下防护镜，放入消毒液中。

步骤二：脱掉防护服，将反面朝外，放入黄色塑料袋中。

步骤三：将手指反掏进帽子，将帽子轻轻摘掉，反面朝外，放入黄色塑料袋中。

步骤四：脱下鞋套或胶鞋，将鞋套反面朝外，放黄色塑料袋中，将胶鞋放入消毒液中。

步骤五：摘口罩。一手按住口罩，另一只手将口罩带摘下，放入黄色塑料袋中，注意双手不接触面部。

步骤六：摘掉手套。一次性手套应将反面朝外，放入黄色塑料袋中，橡胶手套放入消毒液中。

（三）防护用品使用后的处理

消毒结束后，执行消毒的人员需要进行自洁处理，必要时换下防护服对其做消毒处理。有些废弃的污染物包括使用后的一次性隔离衣裤、口罩、帽子、手套、鞋套等不能随便丢弃，应有一定的清除处理方法，这些方法应该安全、简单、经济。

基本要求：污染物应装入盒或袋内，以防止操作人员接触；防止污染物接近人、鼠或昆虫；不应污染表层土壤、地表水及地下水；不应造成空气污染。污染废弃物应当严格清理检查，清点数量，根据材料性质进行分类，分成可焚烧处理和不可焚烧处理两大类。干性可燃污染废物进行焚烧处理；不可燃废物浸泡消毒。

小常识

疫苗接种人员的个人防护

疫苗接种人员指甲要剪短，必须穿戴帽子、乳胶手套、口罩、隔离防护服、胶靴、护目镜等防护用品，进出养殖场要严格消毒，走消毒通道，携带物品的外包装要经喷雾消毒，以免引起病原传播。接种时还要注意自身安全，提防动物活动产生的危害，如咬伤、踢伤、角顶。接种时要胆大心细，注意观察动物的表现，对少数比较凶猛的动物一定要适当保定后再行接种。同时还要注意避免免疫操作时的误伤。避免疫苗感染，如布鲁氏菌病疫苗接种时，可能造成免疫人员吸入感染。以及与动物长时间接触，可能造成人员的隐性感染（人畜共患病）。

健康监测

所有暴露于感染或可能被感染人畜共患病的人员均应接受卫生部门监测。

出现发热、腹泻、呼吸困难等症状的人员及家人应尽快到医院检查。

免疫功能低下，有心、肺部疾病的人员应避免从事畜禽防疫工作。

从事动物防疫的工作人员，应定期进行人畜共患病检测。

应密切关注诊断、畜禽扑杀与无害化处理人员流行病学调查人员的健康状况。特别是与病因不明的烈性传染病、人畜共患病有密切接触的工作人员，应进行一周的观察。

培养良好的防护意识和防护习惯

作为专业的防疫人员，应该熟悉各种接种方法、免疫程序、消毒方法，还应该熟悉微生物和传染病检疫防疫知识。如今科学技术迅速发展，各学科相互渗透、相互补充，只有掌握多学科领域知识的动物防疫人员，才能在疫情发生时作出准确快速的判断，采用合理适当的消毒方法和消毒程序；在平时的工作中有效控制病原体的传播和疫情的发生，确保环境的干净卫生。

由于动物防疫检疫人员长期暴露于病原体污染的环境下，因此，从事消毒工作的人员应该具备良好的防护意识，养成良好的防护习惯。加强消毒人员自身的防护，对于防止和控制人畜共患传染病的发生至关重要。防疫人员的工作性质决定他们经常与污染物接触，并经常使用各种方法进行消毒灭菌，而大多数因子对人体有害，在进行疾病防控时，工作人员的自身防护意识和采取必要的自我防护措施，防止利器刺伤引发的感染，防止消毒事故和消毒操作方法不当对工作人员的伤害至关重要。因此，动物防疫人员需要加强自我防护教育，如在干热灭菌时防止燃烧；压力蒸汽灭菌时防止爆炸事故及操作人员的烫伤事故；使用气体化学消毒时，防止有毒消毒气体的泄漏，经常检测消毒环境气体的浓度，对环氧乙烷气体还应防止燃烧、爆炸事故；接触化学消毒灭菌时，防止过敏和皮肤黏膜的损伤等。消毒完后，使用过的废弃物品不可随意丢弃，注意自身的清洁卫生。

参考文献

陆桂平，胡新岗．2010. 动物防疫技术．北京：中国农业科学技术出版社．

李亚林，何成武．2009. 村级动物防疫员实用技术手册．北京：中国农业大学出版社．

乐汉桥，李振强，朱信德．2011. 动物疫病诊断与防控实用技术．北京：中国农业科学技术出版社．

雷祥前．2008. 动物免疫技术指南．西安：陕西科学技术出版社．

王克文．2009. 突发重大人畜共患病的处置．中国牧业通讯，18.

杨松全，曹国文．2010. 动物疫苗正确使用百问百答. 北京：中国农业出版社.

钟静宁．2010. 动物传染病．北京：中国农业出版社．

张洪让，唐顺其．2010. 动物防疫检疫操作技能．北京：中国农业出版社．

单元自测

1. 按照动物传染病的病原分类，说出至少 3 种传染病。

2. 动物传染病发生和流行的三个必备环节是什么?
3. 简述发生重大动物疫情的控制和扑灭措施。
4. 简述发生重大人畜共患病疫情的控制和扑灭措施。
5. 疫区解除封锁的要求是什么?
6. 简述疫苗有哪些种类?
7. 兽用疫苗批准文号的格式是什么?
8. 疫苗在储藏过程中应注意哪些问题?
9. 疫苗在运输过程中应注意哪些问题?
10. 疫苗使用过程中需要注意哪些问题?

学习笔记

模块三

动 物 保 定

1 动物保定常用结绳

结绳的种类

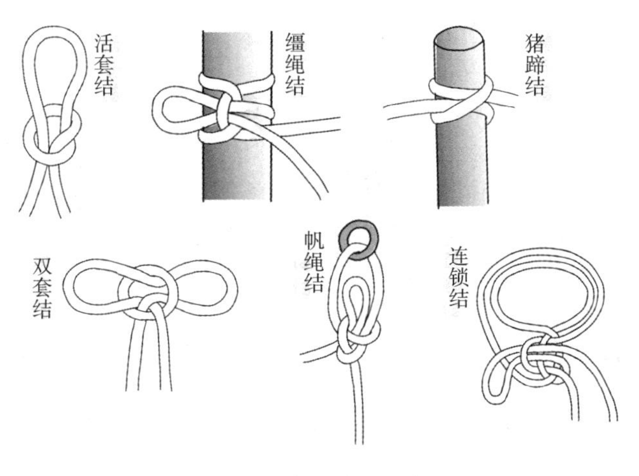

图 3-1　常用结绳种类

结绳方法及用途

（一）活套结

活套结的结法如图 3-2 所示。此结法常用于套角、系肢或在柱上拴结。

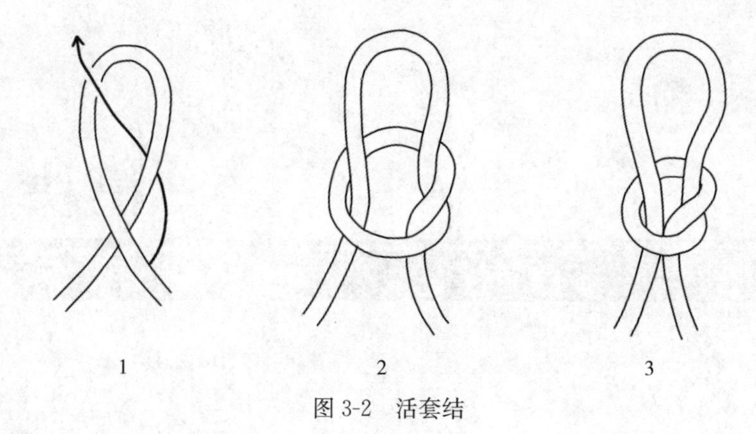

图 3-2　活套结

（二）缰绳结

缰绳结又称梅花扣，其结法如图 3-3 所示。常用此绳结作为牛在柱、环上的拴扣。

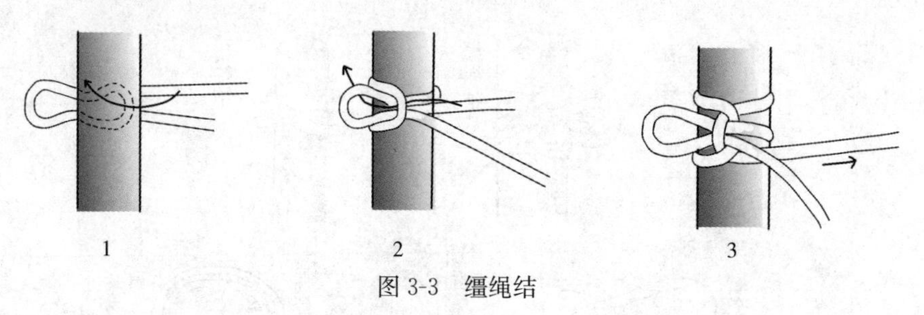

图 3-3　缰绳结

（三）猪蹄结

猪蹄结又称竹节扣，其结法如图 3-4 所示。此结节法可用以保定动物腿部。

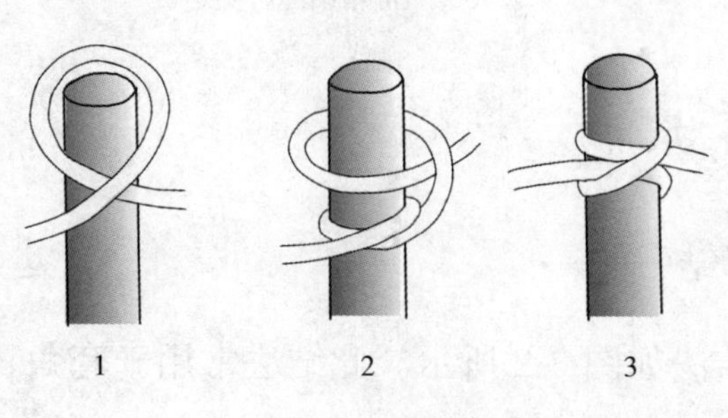

图 3-4　猪蹄结

（四）双套结

双套结的结法如图 3-5 所示。此结法可用以分别拴住动物两腿或两角。

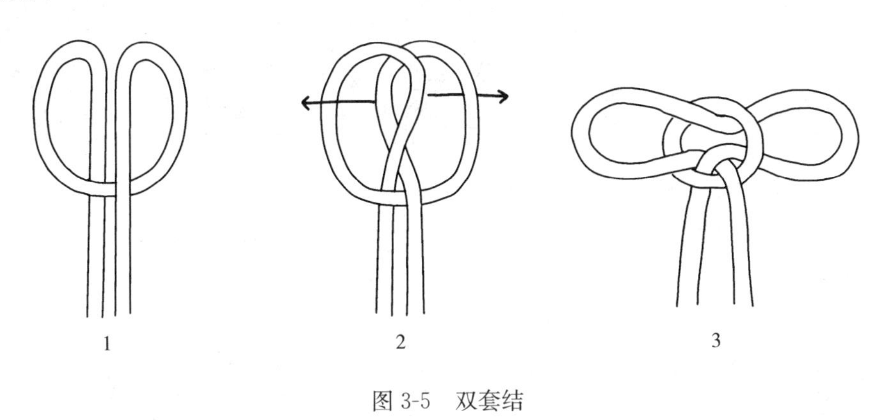

图 3-5　双套结

（五）帆绳结

帆绳结的结法如图 3-6 所示。此结法可用以拴动物或捆绑东西。

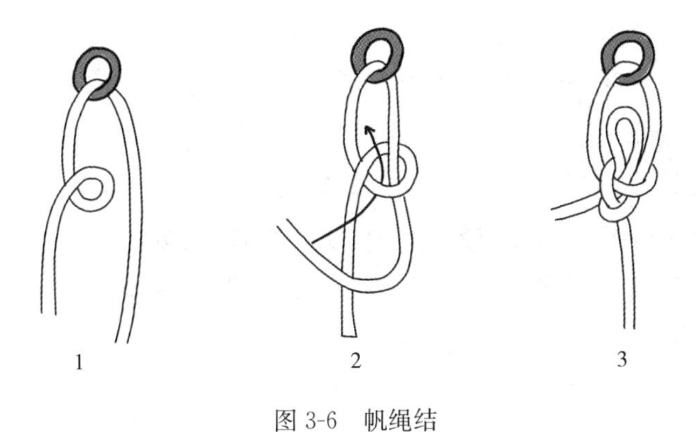

图 3-6　帆绳结

（六）连锁结

连锁结又称颈绳结，有单绳连锁结和双绳连锁结，结法如图 3-7 所示。此结法可作动物颈部保定之用。

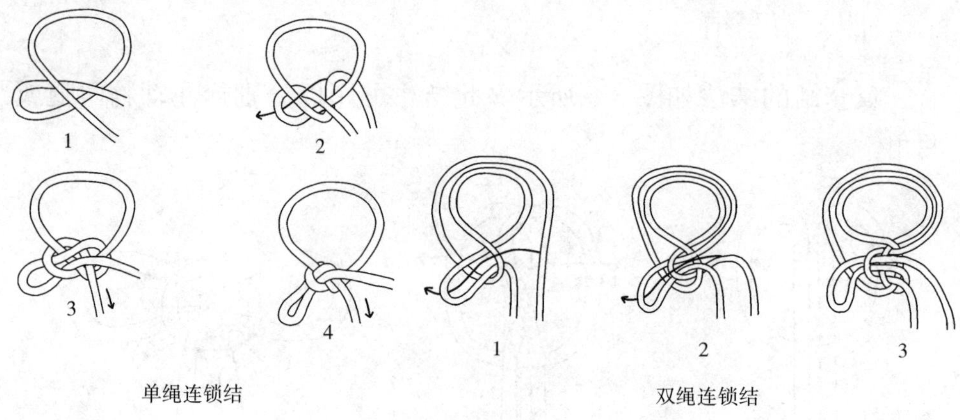

图 3-7　连锁结

温馨提示

接近家畜的注意事项

● 接近家畜前，应先向畜主了解家畜的性情，有无咬、踢、抵等恶癖。然后观察家畜自然状态，如起卧站立姿势、精神状态，以及有无气喘、反刍等情况。如为远途而来的病畜，应让其适当休息。怀疑病畜患有人畜共患传染病时，应采取相应的防护措施后再接近。

● 接近家畜时，应让畜主在旁进行协助，从家畜前外方接近，使检查者在家畜视野中，并向其发出友善信息，以引起家畜注意，然后徐徐接近。在家畜前后不能做突然动作，不能粗暴，以免引起惊恐，发生意外。切忌从侧后方突然走近或站在马的屁股后方、牛的角边，以防被踢、被顶。接近病畜时，若发现马竖耳、瞪眼，牛低头凝视，羊低头后退，猪斜视、翘鼻、发出吼声，此时要镇静，切莫胆怯逃跑，必要时可大声吆喝，使之被震慑驯服。

● 检查时，双脚呈“八”字形站立，手放于病畜适当部位（如肩部、髋结节）。一旦病畜骚动抵抗时，即可作为支点向对侧推畜体，便于迅速退让。切忌双脚合并及下蹲。检查牛、马的前肢时，应将病畜头部下掣。检查后肢时，将头部上抬，使病畜重心移动，不便踢人。

2 人工保定技术

牛的保定

保定时，由畜主牵住牛的缰绳或抓住鼻中隔略向上提，防疫人员从牛的前方或前外方接近，用手护角，并抚摸其头颈部和鬐甲部，待其安静后再进行操作。

（一）徒手保定法

面对牛头一侧站立，一手抓住牛角，另一手拉鼻角、鼻环或用拇指、食指和中指捏住鼻中隔加以固定。如有骚动，可抓住鼻绳上举，不断抖动，分散牛的注意力。此法适用于一般检查、灌药、肌内注射及静脉注射。

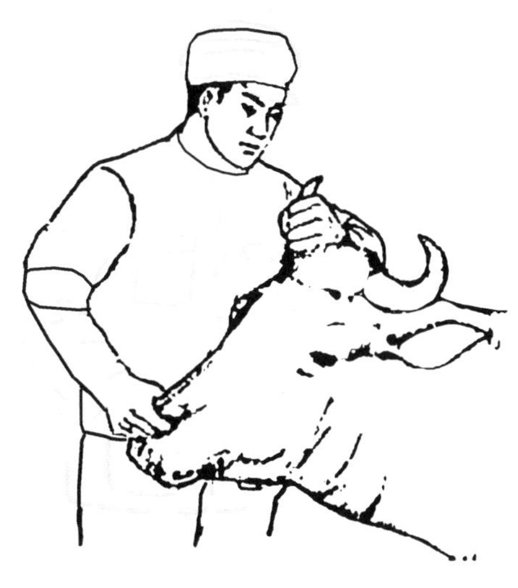

图 3-8　牛的徒手保定

（二）牛鼻钳保定法

一手抓住笼头，另一手握牛鼻钳，将鼻钳的两钳嘴抵于两鼻孔，迅速夹紧鼻中隔，并固定牢靠。在松手时，不能两个把柄同时撒开，以免鼻钳甩出伤人。此法适用于一般检查、灌药、肌内注射及静脉注射。

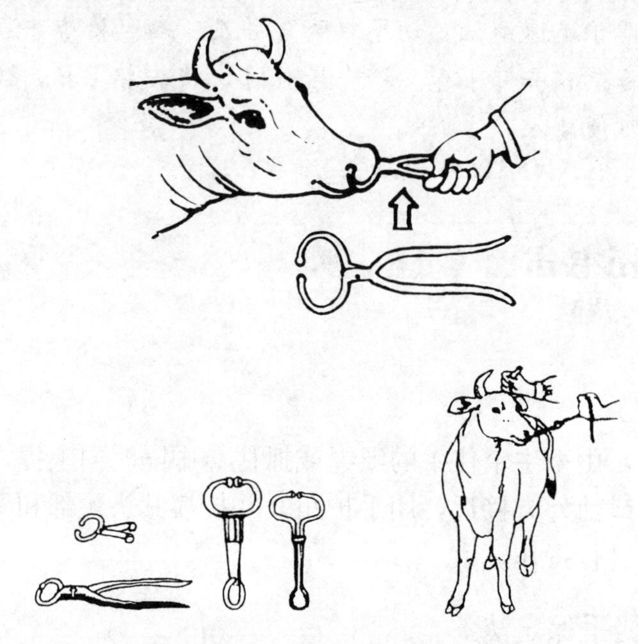

图 3-9　牛鼻钳保定法

（三）两后肢固定法

用绳子的一端扣住牛一后肢跗关节上方跟腱部，另一端则转向对侧肢相应部做“8”字形缠绕，最后收绳抽紧使两后肢靠拢，绳头由一人牵住，随时准备松开。此法适用于恶癖牛的一般检查、静脉注射及乳房、子宫、阴道疾病的检查。

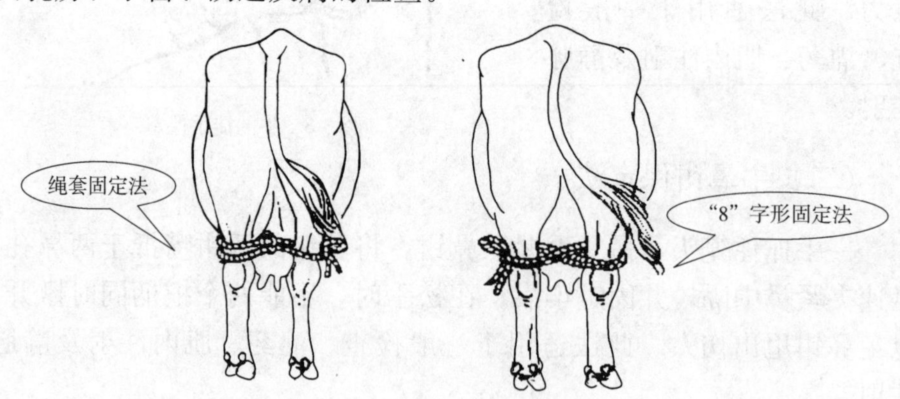

图 3-10　牛的两后肢固定法

（四）柱栏保定法

临床上最为常用，也是最为确实可靠的保定方法。常见的柱栏有单柱栏、二柱栏、四柱栏、五柱栏和六柱栏，其中以六柱栏最为标准和方便。用做柱栏的材料多为钢管，也有少数为木质的。柱栏上有多个钩和环，可拴缰绳和挂吊瓶、吊桶，并备有一头固定、另一头拴解方便的绳或带，如肩前带、臀带、背带和腹带，使前、后、左、右、上、下都能固定，使用非常安全和便捷。一般来说，前两者是必备也是每次必用的。此法适用于临床检查及颈、腹、蹄等部位疾病治疗。

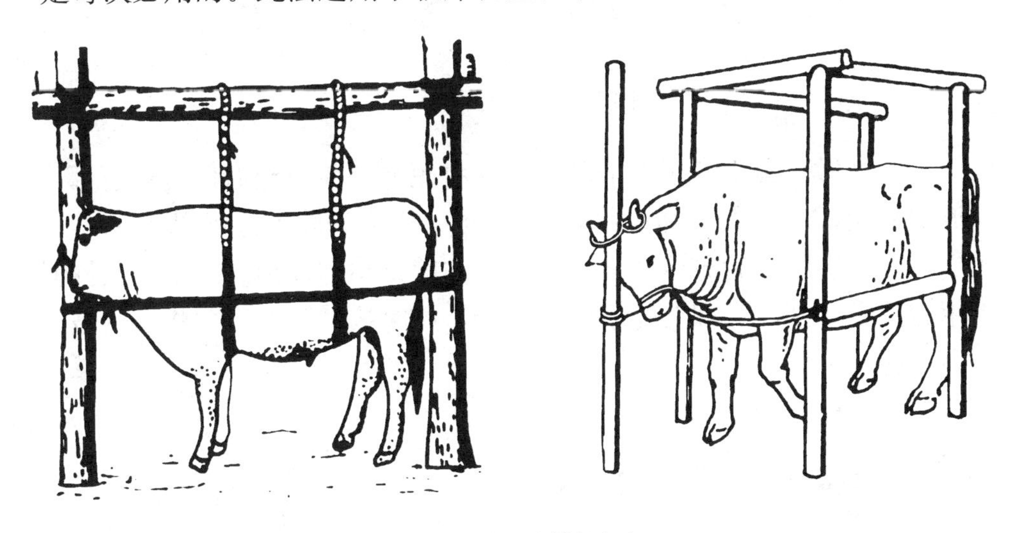

图 3-11　牛的柱栏保定法

（五）倒卧保定法

此法适用于去势及外科手术。

1. 背腰缠绕倒卧法。用绳一端拴在牛角根部，另端由颈背侧引向后方，经肩胛后方及髋结节前方时，分别绕背胸及腰腹部各做一环套，再引绳向后。两环套之绳交叉点均在倒卧对侧。随后，由1～2人固定牛头并向倒卧侧按压，2～3人向后牵拉倒绳，牛因绳套压近，胸腹肌紧缩，后肢屈曲而自行倒卧。

2. 拉提前肢倒牛法。取约10米长的绳子，折成一长一短两段，

图 3-12　牛的背腰缠绕倒卧法

于折转处做一套结套于左前肢系部，将短绳从胸下至右侧绕过背部再返回左侧，由一人拉绳；将长绳引至左髋结节前方经腰部返回缠一周，打半结引向后方由两人牵引；牛向前走抬起左前肢时，三人同时用力拉紧绳索，牛即会跪下而后倒卧，此时按住牛头，并将前后肢绑在一起即可。

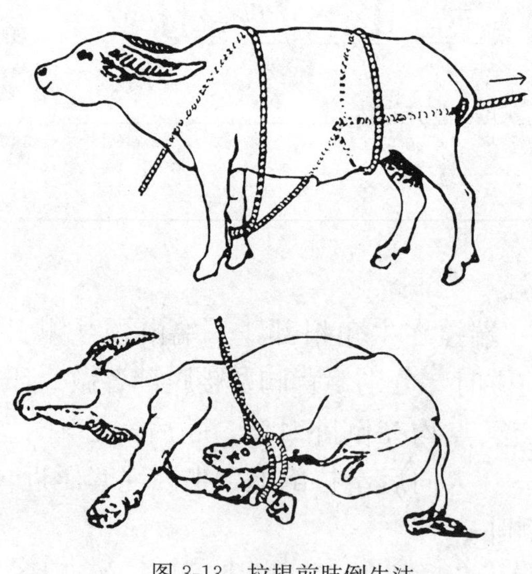

图 3-13　拉提前肢倒牛法

猪的保定

性情较温驯的猪，一般不须特别保定，可利用墙角、墙根和缓坡由其后方或侧方接近，用手轻搔猪的背部、腹部、腹侧或耳根，使其安静，接受检查。仔猪的保定可一手将仔猪抱于怀内，托着颈部，另一手轻按其后躯。公猪和性情比较凶暴或骚动不安的猪，可用以下保定方法。

（一）提举保定法

保定者用两手紧握猪的两后肢胫部，用力提举并以双膝夹着猪的背部，以防止其摆动；也可抓住猪的两耳，迅速提举，使猪腹面朝前，并以双膝夹住猪的颈部。

图 3-14　猪的提举保定

（二）侧卧保定法

一人首先抓住猪的一后肢，另一人抓住耳朵，固定头部。使其失去平衡即可倒下，再根据需要固定四肢。此法主要用于中、小猪。适用于口腔用药、灌肠。

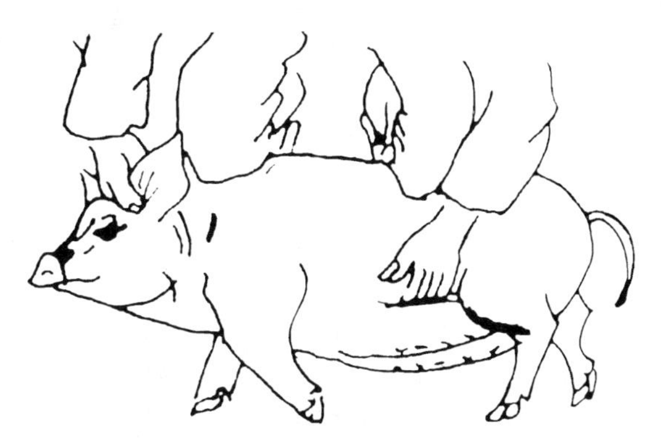

图 3-15　猪的侧卧保定

（三）网架保定法

在两根粗细适当、较为结实的木棍、竹竿或钢管（长约 120 厘米）上，用绳编织成宽约 70 厘米的网床，即保定网。用时将其平放在地上，将猪赶上网架，迅速将网架抬起，即可保定。也可将网架的两端放在凳子或专用的支架上。此时，由于猪的四蹄离地，无法用力，所以比较安静。此法对中、小猪适宜，必要时也可用于大猪。

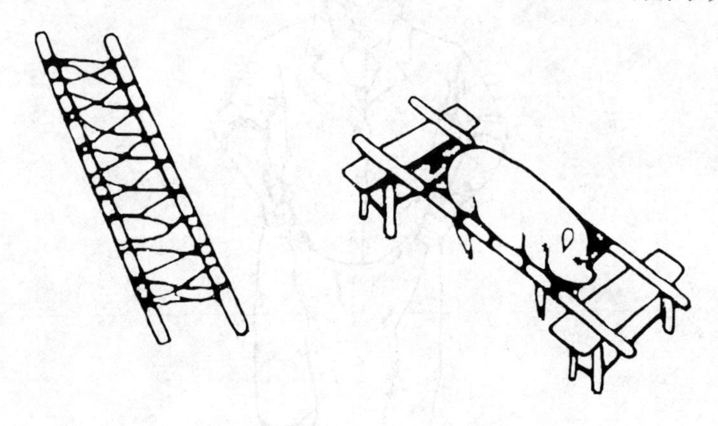

图 3-16　猪的网架保定

（引自周新民主编《兽医操作技巧大全》，中国农业出版社）

（四）鼻绳保定法

取一条长约 2 米的绳子，在一端结一个直径 15～18 厘米的活结绳套，保定时一人抓住猪的两耳并向上提，在猪嚎叫时，将活结从猪

图 3-17　猪的鼻绳保定

的口腔套在上颌骨犬齿后方并抽紧，然后将绳的另一端系在柱子上，此时猪常后退，当退至被绳拉紧时便站立不动。解脱时，只需把活结的绳头一抽即可，此法适用于一般检查和肌内注射。

羊的保定

接近羊时，可利用墙根、墙角或羊的群集情况，从前方迅速抓住角、耳或抱住颈部，或由后方握住小腿部，将羊的两后肢倒提起来，还可将羊放倒侧卧，两手分别握紧羊的两前肢及两后肢。也可用两手握住羊的两角和两耳，骑跨羊身用两膝夹住羊的颈脖或背部加以固定。

（一）站立保定法

用手握两角或两耳固定，用两腿夹住羊的两侧胸壁。也可用两臂分别在羊的胸前和股后围抱固定。适用于一般检查或治疗时的保定。

图 3-18 羊的站立保定

（二）倒卧保定法

必要时可使羊横卧，用绳捆住四肢进行固定。适用于治疗或做简单手术时的保定。

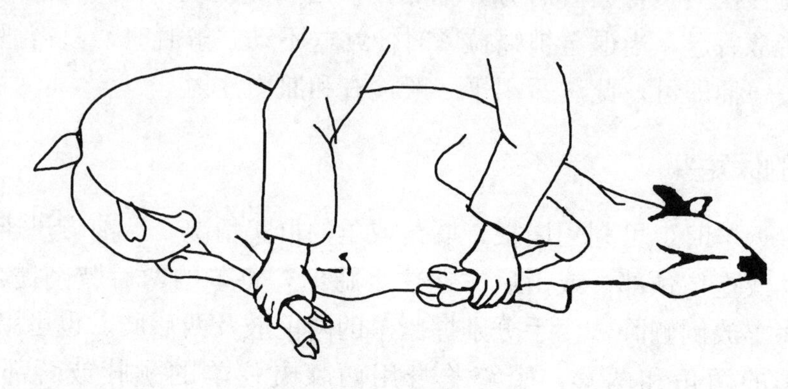

图 3-19　羊的倒卧保定

（三）坐式保定法

此法适用于羔羊。保定者坐着抱住羔羊，使羊背朝着保定者，头向上，臀部向上，两手分别握住羊的前、后肢。

（四）倒立保定法

保定者骑跨在羊颈部，面向后，两腿夹紧羊体，弯腰将两后肢提起。此法可适用于阉割、后躯检查等。

犬的保定

（一）扎口保定法

用绷带在犬的上下颌缠绕两圈收紧，做成猪蹄扣套在鼻面部，交叉绕于颈部打结，以固定其嘴不得张开，避免咬伤人畜。适用于一般检查或注射疫苗时的保定。

（二）仰卧、俯卧保定法

根据需要，先将犬做扎口保定，然后两手分别握住犬两前肢的腕部和两后肢的跖部，将提起横卧在平台上，以右手压住犬的颈部，即可保定。适用于大的手术及其他外科处置的保定。

图 3-20　犬的扎口保定

温馨提示

畜禽保定注意事项

- 保定时保定人员应站立于畜禽的适当位置，注意安全。
- 根据畜禽的种类、习性和临床诊治的需要，确定简单可靠的保定方法。
- 保定器械要牢固结实，保定的绳索要打活结，既不易松脱，又要易结易解，一旦发生意外时也容易解脱。
- 保定大家畜的场地应宽敞，当家畜骚动时，保定人员有退让的余地。
- 侧卧保定应特别小心，防止畜禽突然摔倒，发生骨折、胃肠破裂等，地面要松软或铺有垫草，以免引起面神经麻痹。对心力衰竭、胃肠臌气、呼吸困难的病畜，要谨慎进行侧卧保定。

3 化学保定技术

化学保定是指应用化学药剂，使动物暂时失去其正常运动能力，以便于人们对其接近、捕捉或治疗的一种保定方法。化学保定剂的种类较多，不同种属的动物对不同化学保定剂的敏感性不一样，故在实行化学保定时依动物种类、年龄、性别、体重、体质等因素，选择适宜的保定药剂及确定给药剂量。各种动物常用的保定剂及其剂量见表3-1。

表 3-1　动物常用的保定剂及其剂量

单位：毫克/千克体重，肌注

动物种类	静松灵（二甲苯胺噻唑）	氯丙嗪	氯胺酮	氯化琥珀胆碱
牛	0.2～0.6	1.0～2.0	—	0.016～0.020
羊	1.3～3.0	1.0～3.0	20.0～40.0	—
猪	—	1.3～3.0	12.0～20.0	—
犬	—	—	7.0～8.0	—

化学保定剂一般作肌内注射，可用金属注射器或玻璃注射器吸取药剂后按常规进行注射。

参考文献

李亚林，何成武 . 2009. 村级动物防疫员实用技术手册 . 北京：中国农业大学出版社 .

游佳音 . 2009. 村级动物防疫员必备技能：兽医篇 . 北京：中国农业出版社 .

张洪让，唐顺其 . 2010. 动物防疫检疫操作技能 . 北京：中国农业出版社 .

单元自测

1. 接近畜禽时应注意什么？
2. 简述畜禽保定的注意事项。
3. 猪的保定方法有哪几种？
4. 简述牛的徒手保定法和适用范围。
5. 简述羊的站立保定方法。

技能训练指导

一、犬的扎口保定

（一）材料和对象

材料：绷带。

受试动物：犬。

（二）训练目的

掌握犬的保定方法，了解动物保定注意事项。

（三）操作方法

用绷带在犬的上下颌缠绕两圈收紧，交叉绕于颈部打结，以固定其嘴不得张开，避免咬伤人畜。适用于一般检查或治疗时的保定。

二、猪的鼻绳保定

（一）材料和对象

材料：长约 2 米筷子粗的绳子。

受试动物：猪。

（二）训练目的

掌握猪的保定方法，了解动物保定注意事项。

（三）操作方法

取一条长约 2 米筷子粗的绳子，在一端结一个直径 15～18 厘米的活结绳套，保定时一人抓住猪的两耳并向上提，在猪嚎叫时，将活结从猪的口腔套在上颌骨犬齿后方并抽紧，然后将绳的另一端系在柱子上，此时猪常后退，当退至被绳拉紧时便站立不动，把猪头提成水平。解脱时，只需把活结的绳头一抽即可，此法适用于一般检查和肌内注射。

学习笔记

模块四 免疫接种

1 免疫接种器械

免疫接种器械的使用

（一）注射器

动物注射疫苗需使用注射器，按其容量有1.0、2.0、5.0、10.0、20.0、50.0、100.0毫升等不同规格。动物用注射器按其材质可分金属注射器、玻璃注射器、连续注射器和一次性使用无菌注射器四类。

1. 金属注射器。主要由金属支架、玻璃管、橡皮活塞、剂量螺栓等组成，最大装量有10、20、30、50毫升等4种规格。特点是轻便、耐用、装量大，适用于猪、牛、羊等中大型动物注射。

使用方法：①装配金属注射器。先将玻璃管置金属套管内，插入活塞，拧紧套筒玻璃管固定螺丝，旋转活塞调节手柄至适当松紧度。②检查是否漏水。抽取清洁水数次；以左手食指轻压注射器药液出口，拇指及其余三指握住金属套管，右手轻拉手柄至一定距离（感觉到有一定阻力），松开手柄后活

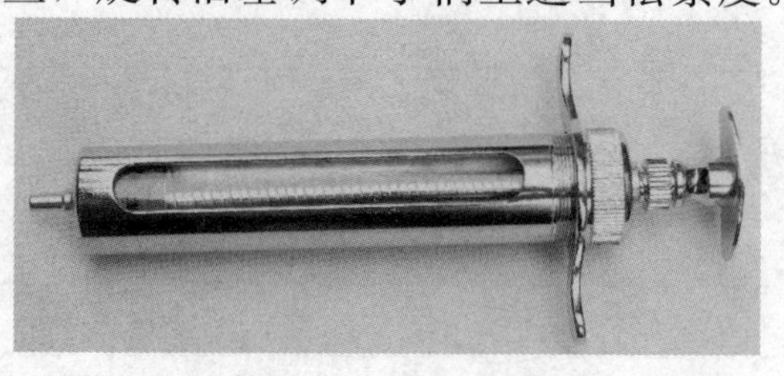

图4-1 金属注射器

塞可自动回复原位，则表明各处接合紧密，不会漏水，即可使用。若拉动手柄无阻力，松开手柄，活塞不能回原位，则表明接合不紧密，应检查固定螺丝是否上正拧紧，或活塞是否太松，经调整后，再行抽试，直至符合要求为止。③安装针头。消毒后的针头，用医用镊子夹取针头座，套上注射器针座，顺时针旋转半圈并向下略施压力，针头装上，反之，逆时针旋转半圈并向外略施拉力，针头卸下。④装药剂。利用真空把药剂从药物容器中吸入玻璃管内，装药剂时应注意先把适量空气注进容器中，避免容器内产生负压而吸不出药剂。装量一般掌握在最大装量的50%左右，吸药剂完毕，针头朝上排空管内空气，最后按需要剂量调整计量螺栓至所需刻度，每注射一头动物调整一次。

温馨提示

使用金属注射器注意事项

- 金属注射器不宜用高压蒸汽灭菌或干热灭菌法，因其中的橡皮圈及垫圈易于老化。一般使用煮沸消毒法灭菌。
- 每打一头动物都应调整计量螺栓。

2. 玻璃注射器。由针筒和活塞两部分组成。通常在针筒和活塞后端有数字号码，同一注射器针筒和活塞的号码相同。

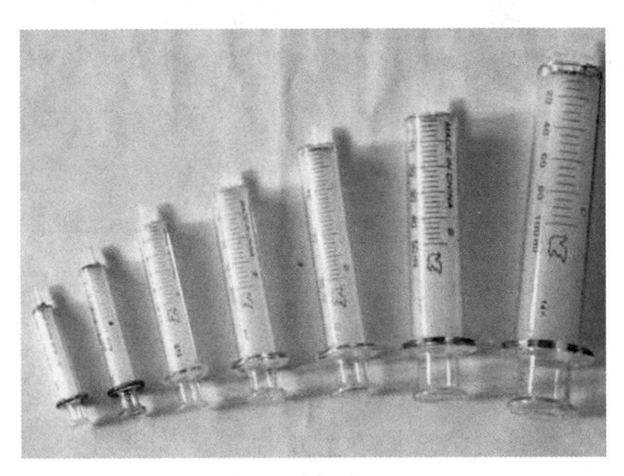

图 4-2 玻璃注射器

温馨提示

使用玻璃注射器注意事项

- 使用玻璃注射器时，针筒前端连接针头的注射器头易折断，应小心使用。
- 活塞部分要保持清洁，否则可使注射器活塞的推动困难，甚至损坏注射器。
- 玻璃注射器消毒时，要将针筒和活塞分开用纱布包裹，消毒后装配时针筒和活塞要配套安装，否则易损坏或不能使用。

3. 连续注射器。主要由支架、玻璃管、金属活塞及单向导流阀等组件组成。其作用原理：单向导流阀在进、出药口分别设有自动阀门，当活塞推进时，出口阀打开而进口阀关闭，药液由出口阀射出，当活塞后退时，出口阀关闭而进口阀打开，药液由进口吸入玻璃管。

最大装量多为 2 毫升，特点是轻便、效率高，剂量一旦设定后可连续注射动物而保持剂量不变。适用于家禽、小动物注射。

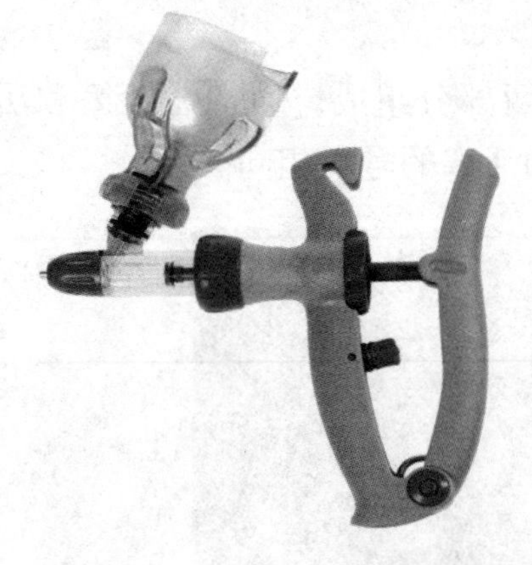

图 4-3　连续注射器

使用方法：①调整所需剂量并用锁定螺栓锁定。②药剂导管插入药物容器内，同时容器瓶再插入一把进空气用的针头，使容器与外界相通，避免容器内产生负压，最后针头朝上连续推动活塞，排出注射器内空气直至药剂充满玻璃管，即可开始注射。③注射过程要经常检查玻璃管内是否存在空气，有空气立即排空，否则影响注射剂量。

4. 一次性使用无菌注射器。该注射器是我国20世纪80年代引进的一种新型医疗器械，多为聚丙烯材料制成，由保护套、针座、不锈钢针管、外套，胶塞、芯杆组成，适用于皮下、肌肉、静脉等药液注射或抽血，一次性使用，它能避免交叉感染，使用方便，在人医上已取代传统的玻璃注射器被广泛应用。

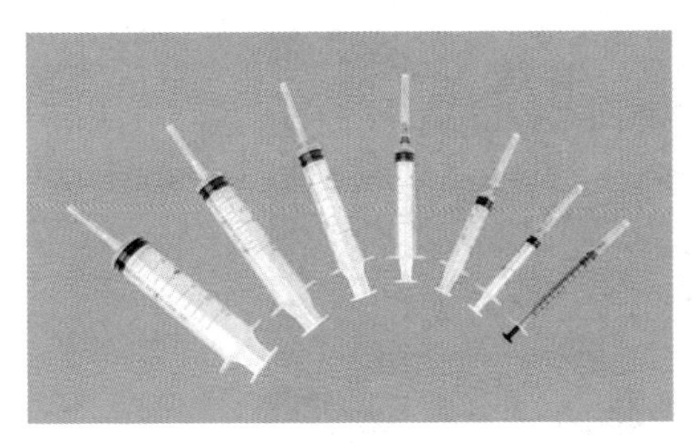

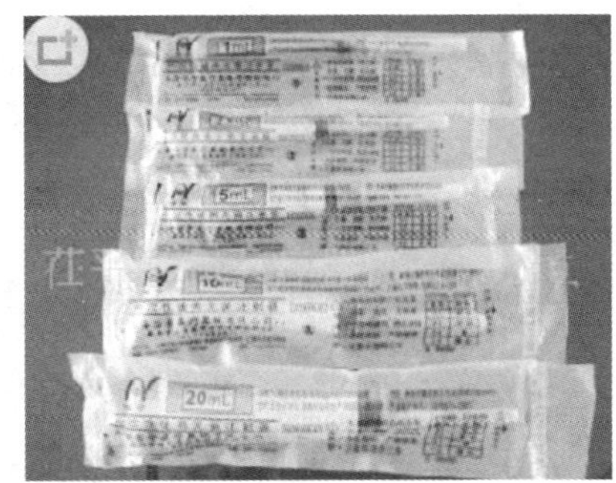

图4-4　一次性使用无菌注射器

5. 注射器常见故障处理。

表4-1　注射器常见故障的处理方法

故障	原因	处理方法	注射器种类
药剂泄漏	装配过松	拧紧	金属、连续
药剂反窜活塞背后	活塞过松	拧紧	金属
推药时费劲	活塞过紧 玻璃盖磨损	放松 更换	金属 金属
药剂打不出去	针头堵塞	更换	金属、连续
活塞松紧无法调整	橡胶活塞老化	更换	金属
空气排不尽 （或装药时玻璃管有空气）	装配过松 出口阀有杂物 导流管破损 金属活塞老化	拧紧 清除 更换 更换活塞和玻璃管	连续 连续 连续 连续
注射推药力度突然变轻	进口阀有杂物，药剂回流	清除	连续
药剂进入玻璃管缓慢或不进入	容器产生负压	更换或调整容器上空气枕头	连续

（二）注射针头

动物免疫用注射针头规格型号甚多，可根据用途选用。兽用一般以16号、12号针头供大家畜肌内注射和静脉注射，9号、12号针头供中、小家畜作肌内和皮下注射，5号、7号、9号供中、小家畜静脉注射。由于同种动物个体大小差异甚大，注射时深度亦各有差异，故应视具体情况选用。

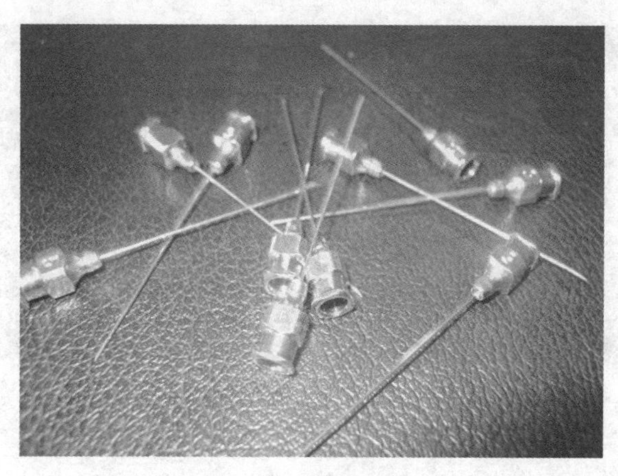

图4-5　注射用针头

小常识

防止断针的技巧

为了防止断针，注射过程中应注意以下事项：

（1）在注射前应认真仔细地检查针具，对不符合质量要求的针具，应剔出不用。

（2）避免过猛、过强的行针。

（3）在进针行针过程中，如发现弯针时，应立即出针，切不可强行刺入。

（4）对于滞针等应及时正确处理，不可强行硬拔。

小常识

出现断针时的处理方法

（1）残端部分针身显露于体外时，可用手指或镊子将针取出。

（2）断端与皮肤相平或稍凹陷于体内者时，可用一手拇指、食指两指垂直向下挤压针孔两侧，使断针暴露体外，另一手持镊子将针取出。

（3）断针完全深入皮下或肌肉深层时，应进行标识处理。

（三）体温计

体温计由球部、毛细套管、刻度板及顶部组成，在球部与毛细管之间有一窄道。温度升高时，球部水银体积膨胀，压力增大，这种压力足以克服窄道的摩擦力，迫使水银进入温度表的毛细管内；当温度降低时水银收缩的内聚力小于窄道的摩擦力，毛细管内的水银不能回到球部，窄道以上段水银柱顶端就保持着过去某段时间内测到的最高温度。要使毛细管中水银柱降低时，应紧握体温计身，球部向下甩动几下即可。

测量家畜体温时，对从远道而来的家畜或者气温较高时，应使家畜适当休息后再测量其体温。测量体温通常用体温计在家畜的直肠内测量（禽在翼下测温），测量体温前应将体温计的水银柱甩至35℃以下，用酒精棉球消毒，涂以润滑剂，缓缓捻转插入直肠，保留3～5分钟，然后取出体温计，用酒精棉球擦净粪便或黏液，观察读数即可。测温完毕，应将水银柱甩下，用酒精棉彻底擦拭干净，放于盛有消毒液的瓶内，以备再用。

（四）听诊器

听诊器由听头、胶管和接耳端构成，听头有膜式和钟形两种。听诊时，接开端要松紧适当，胶管不能交叉，听头要放稳，要与皮肤接触良好，避免产生杂音；听诊环境应保持安静，注意力要集中。

免疫接种器械的保管

免疫器械是进行免疫接种的重要工具，如果保管不善，则易损坏，造成浪费。因此要妥善保管。

（一）金属器械的保管

金属器械应分类整齐地排列在器械柜内，器械柜内应保持清洁、干燥，防止器械生锈。使用后，应及时清点，然后将用过的器械放入冷水或消毒液中浸泡。有锋刃的锐利器械（如刀、剪等）最好拣出另外处理，以免与其他器械互相碰撞，使锋刃变钝；能拆卸的器械最好拆开，接着进行洗刷；洗刷时用指刷或纱布块仔细擦净污迹，特别要注意洗刷止血钳、持针钳的齿槽，外科手术刀的柄槽和剪、钳的活动轴。清洗后的器械应及时干燥。可用干布擦干，也可用吹风机吹干或放在干燥箱中烘干。被脓汁、化脓创等严重污染的器械，应先用消毒液浸泡消毒，然后再进行清洗。不经常使用的器械在清洁干燥后，可涂上凡士林或液状石蜡保存。

（二）玻璃器皿的保管

根据用途分类存放，小心存取、避免碰撞，使用后应及时清洗、灭菌。

（三）橡胶制品的保管

清洗后存放在阴凉、干燥处，避免压挤、折叠、暴晒或沾染松节油、碘等化学药品。保存橡胶手套时，还必须在其内外撒布滑石粉。橡胶制品使用后应及时清洗、消毒，再按上述方法保管。

（四）其他器械的保管

应妥善保管，节约使用。注射器使用后及时冲洗针筒、针头，然后消毒，保存备用；缝合针应清洗、消毒、干燥后分类贮存于容器内或插在纱布上备用；耳夹子、牛鼻钳、叩诊板、叩诊锤、体温计、听诊器、药勺、保定绳等均应分类存放，设立明显标识。

2 免疫接种前的准备

选择免疫时机

免疫时机的把握是确保免疫质量的一个重要环节，确定免疫时机需要综合评估以下几个因素。

（一）依据疾病种类选择免疫时机

不同的疾病有其不同的发生、发展规律。有的疾病对各种年龄段的动物都有致病性，有的只危害一定年龄段的动物。有些疾病的流行具有一定的季节性，比如，夏季流行乙型脑炎，秋冬季流行传染性胃肠炎和流行性腹泻，因此要把握适宜的免疫时机。

确定最佳免疫时机，应在该疫病流行季节之前 1～2 个月进行免疫接种，在疫病流行高峰时节，畜群的免疫效果达到最好。需要特别指出的是：在免疫接种后，如果短期内感染了病毒，由于抗原（疫苗）的竞争，机体对感染病毒不产生免疫应答，这时的发病情况有可能比不接种疫苗时还要严重。

（二）根据抗体水平确定免疫日期

体内的抗体水平是实施免疫的重要参数。在抗体水平合格的情况下，盲目注射疫苗不仅造成浪费，而且更重要的是不能刺激机体产生抗体，反而中和了具有保护力的抗体，因此，应根据母源抗体水平确定首免日龄。根据不同疫苗接种后，抗体产生的时间、免疫期或抗体检测情况，确定何时加强免疫。

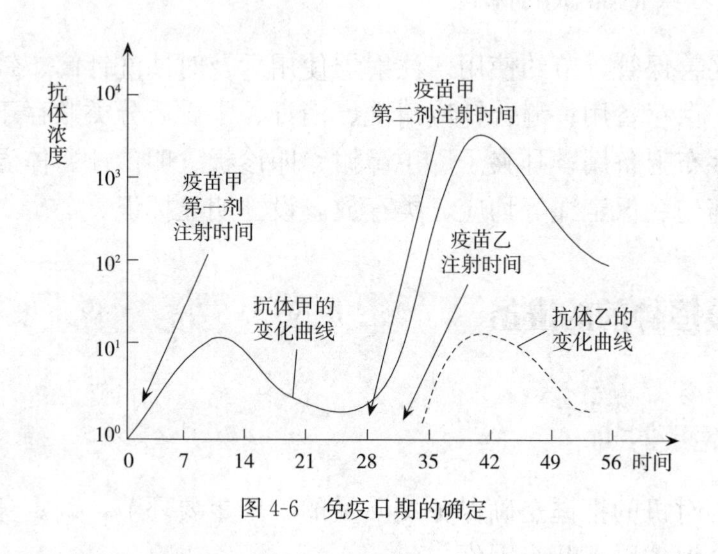

图 4-6　免疫日期的确定

（三）动物群体健康状况评估

好的免疫效果离不开健康的机体，只有健康的机体才会产生良好的免疫应答，所以，动物处于亚健康状态或隐性感染时不能进行免疫接种。对于正在发病的动物，除了那些已证明紧急预防接种有效的疫苗（如鸡新城疫疫苗、传染性喉气管炎疫苗等）外，不应该进行免疫接种。在机体完全健康时接种抗原，是机体获取良好免疫应答的基础。

（四）避免应激叠加和避开免疫抑制期

要避免应激叠加，即避免两种或多种应激因素同时或者连续作用于机体，如温度过高、湿度过大、通风不良、饲养密度过大、饥饿、断水、捕捉、长途运输、转群或者连续免疫等应激因素。当动物处于应激反应敏感时期，其对疫苗接种非常敏感，容易导致某些处于潜伏期或条件性的传染病暴发，此时不能进行免疫接种。

另外营养状况不佳、生理活动高峰期（换羽、产蛋、产奶）等都会造成机体的免疫抑制，接种疫苗后，不能形成免疫反应，会降低免疫能力，影响免疫效果，也不能进行免疫接种。

（五）避免疫苗间的干扰

多种疫苗同时使用或在相近时间接种时，相互之间可产生干扰作用，导致机体对其中一种疫苗的免疫应答水平显著降低。因为疫苗的作用主要是刺激机体具有免疫功能的靶器官产生抗体，如果多种疫苗同时应用,就会竞争性地作用于靶器官,而不能产生疫苗各自的最佳效力。尤其对于使用活疫苗时,不同疫苗接种之间最好隔开 7 天时间。

（六）紧急免疫

在发生烈性传染病时，为了短时间内控制和扑杀疫病，可采取紧急免疫的方法，使未感染群体在最短时间内获得良好的保护力。必须注意不是所有传染病均可用疫苗进行紧急接种。

免疫接种的类型

根据免疫接种进行的时机不同，可以分为预防接种、紧急接种和临时接种。

（一）预防接种

为了预防某些传染病的发生和流行，平时有计划地给健康动物进行的免疫接种，叫做预防接种。预防接种通常使用免疫原如疫苗、菌苗、类毒素等。用于预防病毒性传染病的疫苗有活疫苗和灭活疫苗，用于预防细菌性传染病的免疫原有活菌苗、死菌苗、亚单位苗和类毒素等。通常采用皮下注射、肌内注射、皮肤刺种、点眼、滴鼻、喷雾、口服等方法。免疫原接种后出现免疫力较慢，一般在接种后 1～3 周才产生，但维持时间较长，可达半年至数年。一般而言，活疫（菌）苗接种后免疫力产生快，持续时间长；灭活疫（菌）苗接种后，免疫力产生慢，持续时间短。

（二）紧急接种

紧急接种是在发生传染病时，为迅速控制和扑灭疫病的流行，而对疫区和受威胁区尚未发病的动物进行的应急性免疫接种。

紧急免疫接种一般应选择产生免疫力快而且安全的方法，可以用免疫血清；也可以先注射免疫血清，两周后再注射疫苗；也可以免疫血清和疫苗同时注射，但接种后应加强观察。也可以适当增加免疫剂量。对禽流感、口蹄疫等容易变异、传染性极强的传染病应使用灭活疫苗。

在受威胁区进行紧急接种时，其范围大小根据疫病的特点而定。某些传染病如口蹄疫，则在周围5～10千米。这种紧急接种，其目的是建立“免疫带”以包围疫区，就地扑灭疫情。

紧急接种应注意以下事项：

（1）根据传染病的流行特点、畜禽的分布、地理环境、交通等具体情况和条件，划定紧急接种的范围。

（2）在疫区用疫苗作紧急接种前，必须对动物逐头逐只地详细观察和检查，只能对没有临床症状的动物进行紧急接种，对患病动物及处于潜伏期的动物，应立即隔离治疗或扑杀。因为患病动物和潜伏期的动物接种疫苗后，不仅不能得到保护，反而促进其发病，造成损失。

（3）接种应从受威胁区开始，逐头（只）注射，以形成一个免疫带；然后是疫区内假定健康畜禽。

（4）紧急接种时，每接种一头动物，应更换一个针头；接种家禽可一个笼或换一个针头，但最多不能超过1 000只。

（5）紧急接种应与隔离、消毒等措施相结合。

（三）临时接种

临时为避免发生某疾病而进行的免疫接种叫临时接种。如引进、外调、运输畜禽，家畜去势、手术时，为避免途中暴发或以免发生某种疾病可进行临时接种。

制订免疫计划

村级动物防疫员负责统计本村的饲养户、饲养动物品种和饲养数量，乡镇兽医负责统计本乡镇的饲养户、饲养动物品种和饲养数量。由此，乡镇兽医可计算所需疫苗的品种、数量以及需要的人数、天数。县畜牧局根据各乡镇饲养量的不同，负责乡镇与乡镇之间的协调。

动物健康状况检查

免疫接种前，避免动物受到寒冷、转群、运输、脱水、突然换料、噪音、惊吓等应激反应。可在免疫前后3～5天在饮水中添加速溶多维或维生素C、维生素E等以降低应激反应。按种疫苗的畜禽必须健康状况良好，体弱、发病、临产母畜、处于疫病潜伏期的畜禽则暂时不宜接种，待机体恢复正常后方可接种。要清点畜禽个体数目，确保每头畜禽都进行了免疫。

（一）临床检查

临床检查基本方法包括问诊、视诊、触诊、叩诊、听诊及嗅诊6种，后5种又称为物理学检查法。

1. 问诊。以询问的方式，向畜主或饲养人员调查了解动物的既往史、饲养管理等方面的情况。

2. 嗅诊。即用鼻嗅闻动物的呼出气体、口腔气味、分泌物及排泄物的特殊气味。

3. 视诊。视诊方法简便、应用广泛，获得的材料又比较客观，是临床检查的主要方法。主要内容有：

（1）观察患病动物的体格、发育、营养、精神状态、体位、姿势、运动及行为等。

（2）观察体表、被毛、黏膜，有无创伤、溃疡、疮疹、肿物以及它们的部位、大小、特点等。

（3）观察与外界直通的体腔，如口腔、鼻、阴道、肛门等，注意分泌物、排泄物的量与性质。

（4）注意某些生理活动的改变，如采食、咀嚼、吞咽、反刍、排尿、排便动作变化等。

4. 触诊。用检查者的手或借助于器械（包括手指、手背、拳头及胃管）检查动物，主要用于检查体表状态、通过体表检查内脏器官、直肠触诊。

5. 叩诊。用手指或叩诊锤对动物体表某一部位进行叩击，借以产生振动并发出音响，然后根据音响特征判断被检器官、组织有无病理变化。

（1）叩诊方法。①直接叩诊法，即用手指或叩诊锤直接叩击体表某一部位。②间接叩诊法，即在被叩体表部位上，先放一振动能力强的附加物（叩诊板），然后再对叩诊板进行叩诊。间接叩诊的目的在于利用叩诊板的作用，使叩击产生的声音响亮、清晰，易于听取，同时使振动向深部传导，这样有利于深部组织状态的判断。间接叩诊法包括手指叩诊法和锤板叩击法。

（2）叩诊音。根据被扣组织的弹性与含气量以及距体表的距离，叩诊音有清音、浊音、鼓音。

（3）叩诊适应范围。主要用于检查浅在体腔（如头窦、胸、腹腔）、含气器官（如肺、胃肠）的物理状态，同时也可检查含气组织与实体组织的邻居关系，判断有气器官的位置变化。

6. 听诊。利用听觉直接或借助于听诊器听取动物内脏器官在生

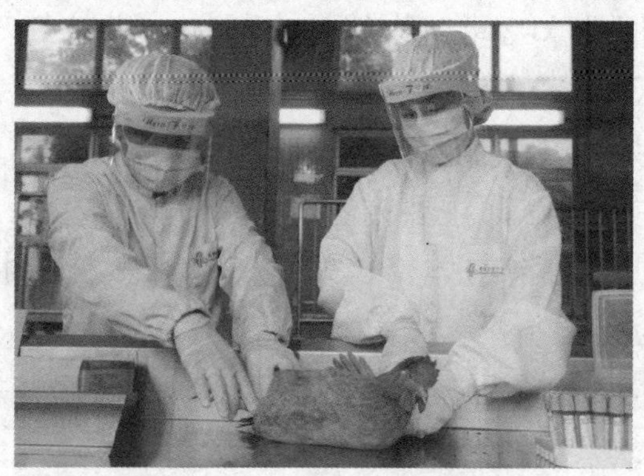

图 4-7　动物健康状况检查

理或病理过程中产生的音响。临床上可分为直接听诊与间接听诊。直接听诊主要用于听取畜禽的呻吟、喘息、咳嗽、嗳气、咀嚼以及特殊情况下的肠鸣音等。间接听诊主要是借助于听诊器对器官活动产生的音响进行听诊的一种方法。间接听诊主要用于心音、呼吸道的呼吸音、消化道的胃肠蠕动音的听诊。

（二）群体检查

特别是对集约化养殖而言，定期对动物群体进行检查是十分必要的，这样可及早发现畜禽群体是否有异常表现或疾病的早期征兆，以便决定是否可以接种。

1. 群体检查的方法与内容。主要通过问诊和视诊调查，查阅养殖场的生产日记、免疫和消毒资料，现场巡视群体状况以及个体畜禽的临床检查等。必要时抽样采血进行相关疾病的实验室检测等。群体检查的内容如下：

（1）畜禽群体的历史调查。主要了解群体规模、来源、组成以及繁殖情况；既往史，特别是有关传染病方面的情况；免疫程序，疫苗来源，保存条件，接种途径等。

（2）畜禽群体环境。养殖场的地理位置，与周围其他繁殖场的距离、风向、隔离屏障等，周围是否有工业污染源以及交通情况等。放牧动物还要注意植被、水源、野生动物等；畜禽舍的建筑、光照、通风、保温、空气质量、粪便处理、畜栏、畜床设施等的卫生消毒情况以及运动场地等。

（3）饲养与管理。饲料来源、加工、贮存、饲养制度、饮水方式等。

（4）畜禽生产性能。种畜的繁殖情况，商品生产动物的肉、奶、蛋等的产量与质量。

（5）其他特殊检查。根据需要进行。

2. 不同动物群体的检查特点。

（1）禽。鸡、鸭等禽类均易受惊吓，故在检查时要以不惊扰或尽量少惊扰为原则，特别是大群饲养时，突然进入生人会导致严重惊群，产生严重应激，甚至一些鸡发生死亡。因此在观察过程中亦要减少对鸡的干扰。具体应注意羽毛、肉冠、精神状态、站立姿势以及粪便等。

（2）猪。可深入到猪舍，乃至床位上进行详细观察。除了常规皮肤、被毛、体态、精神、食欲、粪尿，还要注意四肢是否损伤，这对于种母猪、仔猪特别要注意。

（3）反刍动物。主要观察反刍、嗳气、被毛、鼻镜、运动、行为等。在奶牛场，要定期进行布鲁氏菌病、结核乃至口蹄疫等的检查。

（4）其他畜禽以及特种经济、观赏动物。应根据动物的生物习性进行针对性检查。

小常识

怎样区分健康动物与患病动物

区分健康动物与患病动物，主要从外观精神状态、饮食、姿势、营养状况及粪便等方面进行观察。

（一）精神状态

健康畜禽两眼有神，行动灵活协调，对外界刺激反应迅速敏捷。患病动物常表现精神沉郁、低头闭眼、反应迟钝、离群独处等；也有的表现为精神亢奋、骚动不安，甚至狂奔乱跑等。

（二）饮食

健康畜禽食欲旺盛，当饲喂饲料时争抢采食，采食过程中不时饮水。患病动物食欲减少或废绝，对饲喂饲料反应淡漠，或勉强采食几口后离群独处，有发热或拉稀表现的病畜可能饮水量增加或喜饮脏水。病情严重的病畜可能饮食废绝。

（三）姿势

各种畜禽都有它特有的姿势。健康猪贪吃好睡，仔猪灵活好动，不时摇尾；健康牛喜欢卧地，常有间歇性反刍以及用舌舔鼻镜和被毛的动作。患病动物常出现姿势异常，如破伤风病畜常见鼻孔开张，两耳直立，头颈伸直，后肢僵直，尾竖起，步态僵硬，牙关紧闭，口流黏涎等；家畜便秘常见病畜拱背翘尾，不断努责，两后肢向外展开站立；马患肠阻塞时，常见时起时卧，用蹄刨地，卧下时常回视腹部，有时甚至打滚；羊患肠套叠时，有明显的拉弓姿势；维生素 B_1 缺乏症和新城疫后遗症等，常见鸡呈扭头曲颈或伴有站立不稳及返转滚动的动作。

(四) 营养

根据肌肉、皮下脂肪及被毛光泽等情况，判定家畜营养状况的好坏。一般可分为良好、中等和不良3种。健康畜禽营养良好；患病畜禽营养不良，可由各种慢性消耗性疾病或寄生虫病引起；短期内很快消瘦，多由于急性高热性疾病、肠炎腹泻或采食和吞咽困难等病症引起。

(五) 粪便

1. 粪便的形状及硬度。正常牛粪较稀薄，落地后呈轮层状的粪堆；马粪为球状，深绿色表面有光泽；猪粪黏稠，软而成型，有时干硬，呈节状，有时稀软呈粥状。

2. 粪便颜色。深部肠道出血时粪呈黑褐色，后部肠道出血时，可见血液附于粪便表面呈红色或鲜红色。

3. 粪便的气味。肠炎等的粪便发酸败臭味，粪便混有脓汁及血液时，呈腐败腥臭味。

4. 粪便的混杂物。肠炎时常混有黏液及脱落的黏膜上皮，有时混有脓汁、血液等；异食癖的家畜，粪内常混有异物如木柴、砂、毛等；有寄生虫时混有虫体或虫卵。

准备免疫接种物品

准备一定数量的注射器具、足够数量的针头，并做好消毒。

准备其他物品，如稀释液、镊子、75%酒精、2%～5%碘酊、脱

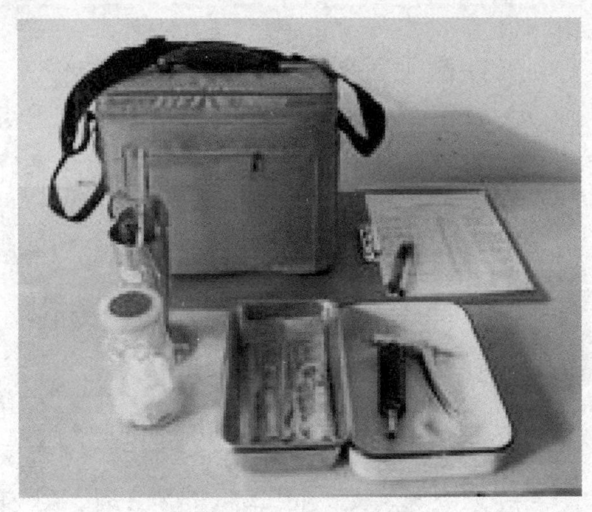

图 4-8　免疫接种用品
（引自游佳音编著《村级动物防疫员必备技能：兽医篇》，中国农业出版社，2010）

脂棉、纱布、剪毛剪、体温计、急救药品、煮沸消毒器、搪瓷盘、疫苗冷藏箱、冰块、免疫接种登记表、免疫证、免疫耳标、耳标钳、保定用具、洗手盆、毛巾、防护服、胶靴、工作帽、护目镜、口罩等。

另外，注射疫苗时防疫员要随身携带肾上腺素等抗过敏药物，一旦发现接种动物过敏，要及时救治。

严格消毒

免疫人员进出养殖场要严格消毒，走消毒通道，携带物品的外包装要经喷雾消毒，以免引入病原菌。

注射用具在使用前后必须严格消毒，免疫注射时做到一个动物一个针头，以防交叉感染。

疫苗准备和检查

准备足够的疫苗，详细阅读疫苗使用说明书，了解其用途、用法、用量和注意事项等。

为了便于免疫接种，疫苗在使用前从冰箱中取出，置于室温 2 小时左右，并配备保温桶和冰块。

接种前应仔细检查疫苗外观，凡发现疫苗瓶破损、瓶盖或瓶塞密封不严或松动、无标签或标签不完整（包括疫苗名称、批准文号、生产批号、出厂日期、有效期、生产厂家等）、超过有效期、色泽改变、发生沉淀、破乳或超过规定量的分层、有异物、有霉变、有摇不散凝块、有异味、无真空等疫苗质量与说明书不符者，一律不得使用。

图 4-9　消毒通道

图 4-10　检查疫苗外观

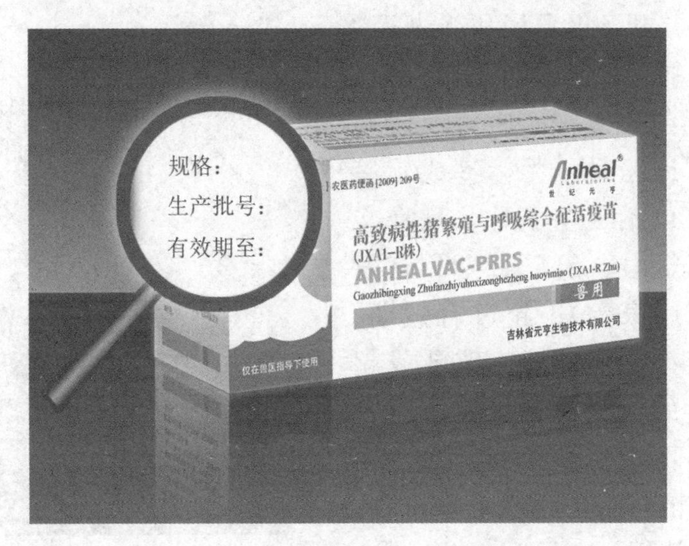

图 4-11　检查疫苗生产日期

3 免疫接种技术

点眼和滴鼻免疫

点眼和滴鼻免疫适用于禽类。接种部位为幼禽眼结膜囊内、鼻孔内。

（一）操作步骤

1. 准备疫苗滴瓶。 将已充分溶解稀释的疫苗滴瓶装上滴头，将瓶倒置，滴头向下拿在手中，或用点眼滴管吸取疫苗，握于手中并控制好胶头。

2. 保定动物。 一手握住幼禽，食指和拇指固定住幼禽头部，使幼禽眼或一侧鼻孔向上。

3. 滴疫苗。 滴头与眼或鼻保持 1 厘米左右距离，轻捏滴管，滴 1～2 滴疫苗于鸡眼或鼻中，稍等片刻，待疫苗完全吸收后再放开鸡。

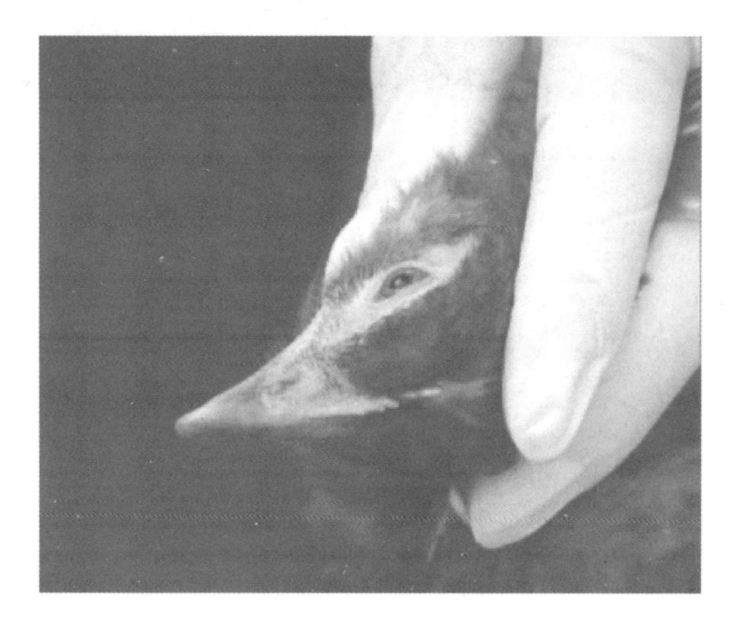

图 4-12　禽的保定

（引自游佳音编著《村级动物防疫员必备技能：兽医篇》，中国农业出版社，2010）

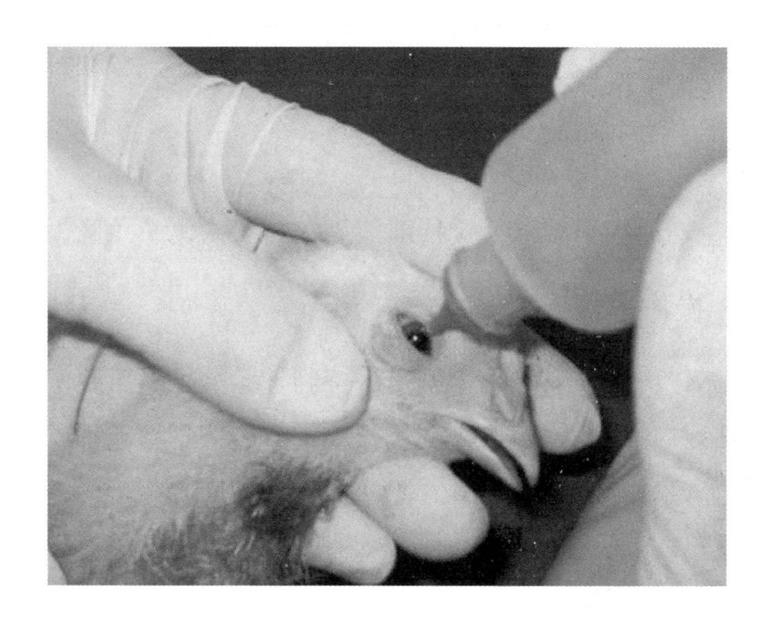

图 4-13　禽的点眼免疫

（引自游佳音编著《村级动物防疫员必备技能：兽医篇》，中国农业出版社，2010）

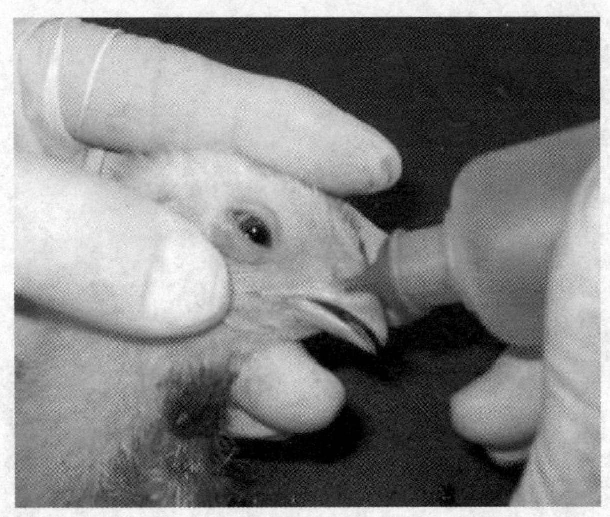

图 4-14　禽的滴鼻免疫
（引自游佳音编著《村级动物防疫员必备技能：兽医篇》，中国农业出版社，2010）

（二）注意事项

滴鼻时，为了便于疫苗吸入，可用手将对侧鼻孔堵住。不可让疫苗流失，保证疫苗被充分吸入。

刺种免疫

刺种免疫适用于家禽。接种部位为禽翅膀内侧三角区无血管处。

（一）操作步骤

一手抓住鸡的一只翅膀，另一手持刺种针插入疫苗瓶中，蘸取稀释的疫苗液，在翅膀内侧无血管处刺针。拔出刺种针，稍停片刻，待疫苗被吸收后，将禽轻轻放开。再将刺针插入疫苗瓶中，蘸取疫苗，准备下次刺种。

（二）注意事项

刺种免疫应注意以下几点：①为避免刺种过程中打翻疫苗瓶，可用小木块，上面钉 4 根呈小正方形的铁钉，固定疫苗瓶。②每次刺种

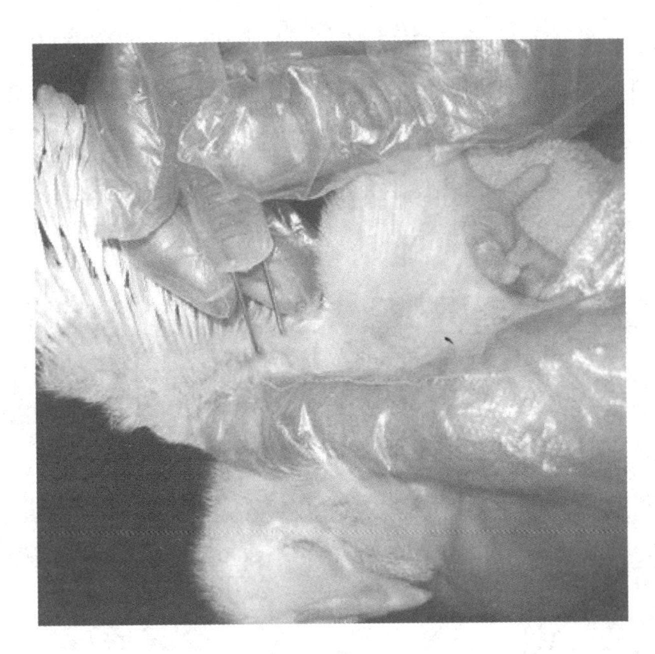

图 4-15 禽的刺种免疫

（引自游佳音编著《村级动物防疫员必备技能：兽医篇》，中国农业出版社，2010）

前，都要将刺种针在疫苗瓶中蘸一下，保证每次刺针都蘸上足量的疫苗。并经常检查疫苗瓶中疫苗液的深度，以便及时添加。③要经常摇动疫苗瓶。在疫苗混匀。④注意不要损伤血管和骨骼。⑤勿将疫苗溅出或触及接种区以外其他部位。⑥翼膜刺种多用于鸡痘和禽脑脊髓炎疫苗，一般刺种 7～10 天后，刺种部位会出现轻微红肿、结痂，14～21 天痂块脱落。这是正常的疫苗反应。无此反应，则说明免疫失败，应重新补刺。

饮水免疫

（一）操作步骤

1. 准备免疫。鸡群停止供水 1～4 小时，一般当 70%～80%的鸡找水喝时，再饮水免疫。

2. 稀释疫苗。饮水免疫时，饮水量为平时日耗水量的 40%，使疫苗溶液能在1～1.5小时内饮完。一般4周龄以内的鸡每千只12升，4～8周龄的鸡每千只20升，8周龄以上的鸡每千只40升。计算好疫苗和稀释液用量后，在稀释液中加入0.1%～0.3%脱脂奶粉，搅匀，疫苗先用少量稀释液溶解稀释后，再加入其余溶液于大容器中，一起搅匀，立即使用。

图4-16　鸡的饮水免疫

（二）注意事项

刺种免疫应注意以下几点：①炎热季节里，应在上午进行饮水免疫，装有疫苗的饮水器不应暴露在阳光下。②饮水免疫禁止使用金属容器，一般应用硬质塑料或搪瓷器具。③免疫前应清洗饮水器具。将饮水器具用净水或开水洗刷干净，使其不残留消毒剂、铁锈、赃物等。④免疫后残余的疫苗和废（空）疫苗瓶，应集中煮沸消毒处理，不能随意乱扔。⑤疫苗稀释时应注意无菌操作，所用器材必须严格消毒。稀释液（饮用水）应清洁卫生，不含氯离子、重金属离子、抗生素和消毒药（一般用中性蒸馏水、凉温开水或深井水）。⑥疫苗用量必须准确，一般应为注射免疫剂量的2～3倍。

气雾免疫

用生理盐水将冻干苗按规定稀释后，用雾化发生器喷射出去，使疫苗形成5～10微米的雾化粒子，均匀地浮游在空中，通过呼吸道吸入肺内，以达到免疫的目的。先将动物赶入室内，关闭门窗，雾化器从门窗缝伸入室内，使喷头保持与动物头部同高均匀喷射。喷射完毕，让动物在室内停留20～30分钟。气雾免疫应在傍晚或早上气压高时进行，以利于延长疫苗雾粒在空气中的悬浮时间。气雾免疫时对疫苗稀释液的要求与饮水免疫相同。

气雾免疫的疫苗用量主要根据房舍大小而定，可按下式计算：

$$疫苗用量=\frac{计划免疫剂量\times 免疫室容积}{免疫时间\times 呼吸常数}$$

上式中呼吸常数为动物每分钟吸入的空气量，如羊的呼吸常数为3～6（羊每分钟吸入空气量3 100～6 000毫升，故以3～6作为羊气雾免疫的常数）。

图4-17　气雾免疫

皮下注射免疫

皮下注射免疫法系将药物注射于皮下结缔组织内，经毛细血管、淋巴管的吸收而进入血液循环的一种注射方法。皮下注射法适合于各种刺激性较小的注射药液及疫（菌）苗、血清等的注射。因皮下有脂肪层，吸收较慢。

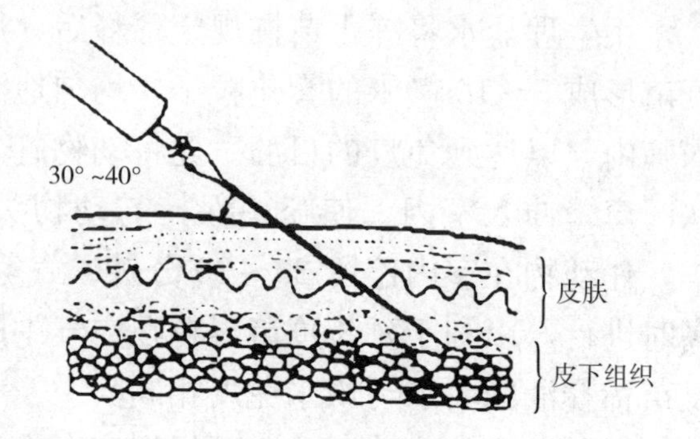

图 4-18　皮下注射的部位

一般选用2.0～10.0毫升的注射器，9号、12号针头。

接种部位应选皮肤较薄而皮下疏松的地方，猪在耳根后或股内侧，牛在颈侧或肩胛后方的胸侧，马、骡在颈侧，羊、犬、猫在颈侧、背侧或股内侧，禽类在翼下或颈背部。

（一）操作步骤

保定好动物，局部剪毛、消毒后，术者用左手的拇指与小指捏起皮肤，食指压皱褶的顶点，使其呈陷窝。右手持连接针头的注射器，迅速刺入陷窝处皮下约2厘米。此时，感觉针头无抵抗，可自由摆动。左手按体针头结合部，右手抽动注射器活塞未见回血时，可推动活塞注入药液。如果需要注入的药量较多时，要分点注射，不能在一个注射点注入过多的药液。注射完毕，以酒精棉压迫针孔，拔出注射针头，最后用5%的碘酊消毒。

图 4-19　鸡的翼部皮下注射

（二）注意事项

刺激性强的疫苗不能做皮下注射；药量多时，可分点注射，注射后最好对注射部位做轻度按摩或温敷。

皮内注射免疫

皮内注射免疫法是将药液注射于皮肤的表皮与真皮之间。与其他注射方法相比，其药量注入少，一般仅在皮内注射药液或菌（疫）苗 0.1～0.5 毫升，因此一般不用作治疗，主要适用于预防接种、药物过敏试验及某些变态反应的诊断（如牛结核、副结核、马鼻疽）等。

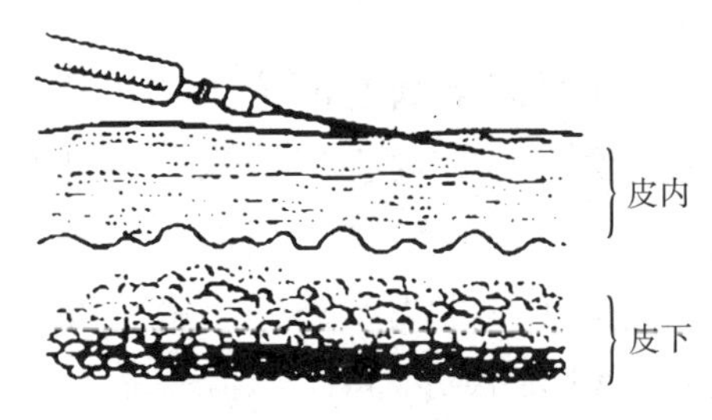

图 4-20　皮内注射的部位

通常用结核菌素注射器或 1.0～5.0 毫升的小注射器，短针头。

接种部位通常猪在耳根部，马在颈侧中部，牛在颈侧中部或尾根部，鸡在肉髯部位的皮肤。

（一）操作步骤

按常规消毒后，先以左手拇指与食指将术部皮肤捏起并形成皱褶；右手持注射器，使之与皮肤呈 30°角，刺入皮内约 0.5 厘米，注入规定量的药液即可。如推注药液时感到有一定阻力且注入药液后局部形成一小球状隆突，即为确实注入真皮层的标志。拔出针头，术部消毒，但应避免压挤局部。

图 4-21　皮内注射免疫

（二）注意事项

注射部位要认真判断，准确无误，进针不可过深，以免刺入皮下，影响诊断与预防接种的效果。拔出针头后注射部位不可用棉球按压揉擦。

肌内注射免疫

凡肌肉丰满的部位，均可进行肌内注射。肌肉内血管丰富，药液吸收较快，对刺激性较强、吸收较难的药剂（如水剂、乳剂、油剂的青霉素等）常用该法注射；多种疫苗的接种，也常做肌内注射。肌肉组织致密，仅能注入较小的剂量，使用一般的注射器具。

选肌肉层厚并应避开大血管及神经干的部位接种。大动物多在颈侧、臀部，猪在耳后、臀部或股内部，禽类在胸肌部。

肌内注射免疫法的特点：一是肌内注射由于吸收缓慢，能长时间保持药效、维持血药浓度。二是肌肉比皮肤感觉迟钝，因此注射具有刺激性的药物，不会引起剧烈疼痛。三是由于动物的骚动或操作不熟练，注射针头或注射器（玻璃或塑料注射器）接合头易折断。

（一）操作步骤

动物保定，局部按常规消毒处理。术者左手固定于注射局部，右手拿注射器，与皮肤呈垂直的角度，迅速刺入肌肉，一般刺入深度可至 2～4 厘米；改用左手持注射器（也可不用，看熟练程度），以右手推动活塞手柄，注入药液；注毕，拔出针头，局部进行消毒处理。对大家畜也可先以右手持注射针头，直接刺入局部，然后以左手把住针头和注射器。

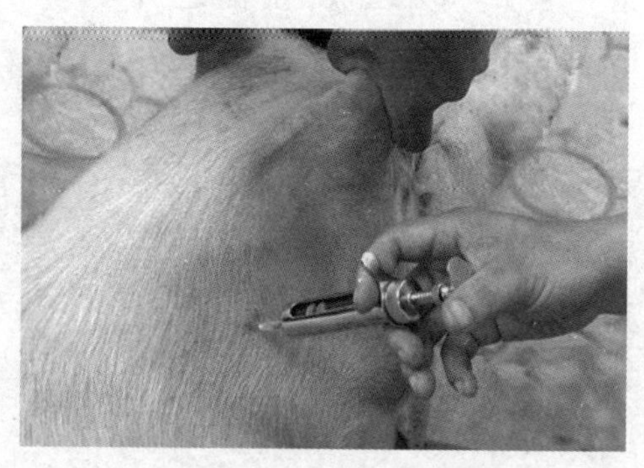

图 4-22　猪颈部肌内注射

（二）注意事项

肌内注射免疫应注意以下几点：①针体刺入深度，一般只刺入2/3，切勿把针梗全部刺入，以防针梗从根部衔接处折断。②强刺激性药物如水合氯醋、钙制剂、浓盐水等，不能肌内注射。③注射针头如接触神经时，则动物感觉疼痛不安，此时应变换针头方向，再注射药液。④万一针体折断，保持局部和肢体不动，迅速用止血钳夹住断端拔出。如不能拔出时，先将病畜保定好，防止骚动，行局部麻醉后迅速切开注射部位，用小镊子、持针钳或止血钳拔出折断的针体。⑤长期进行肌内注射的动物，注射部位应交替更换，以减少硬结的发生。⑥两种以上药液同时注射时，要注意药物的配伍禁忌，必要时在不同部位注射。⑦根据药液的量、黏稠度和刺激性的强弱，选择适当的注射器和针头。⑧避免在瘢痕、硬结、发炎、皮肤病及有针眼的部位注射。瘀血及血肿部位不宜进行注射。

静脉注射免疫

静脉注射免疫法系将药液直接注入静脉内，随着血液很快分布到全身，不会受消化道及其他脏器的影响而发生变化或失去作用，药效迅速，作用强，注射部位疼痛反应较轻，但其代谢也快。它适用于大量的补液、输血和对局部刺激性大的药液（如水合氯醛、氯化钙）以及急需奏效的药物（如急救强心等）。

少量注射时可用较大的（50.0～100.0毫升）注射器，大量输液时则应用500.0毫升输液瓶和一次性输液胶管。

依动物种类选择静脉注射部位。

（一）操作步骤

1. 牛、羊的静脉注射。多在颈静脉，个别情况也可利用耳静脉、尾静脉注射。羊多用颈静脉。牛的皮肤较厚，刺入时应用力并突然刺入。

（1）颈静脉注射。局部剪毛、消毒，左手拇指压迫颈静脉的近心端（靠近胸腔入口处），使颈静脉怒张；明确刺入部位，右手持针头瞄准该部后，以腕力使针头近似垂直地迅速刺入皮肤及血管（因牛的皮肤很厚，不易穿透，最好借助腕力奋力刺入方可成功），见有血液流出后，将针头顺入血管 1～2 厘米，连接注射器或输液胶管，即可输入药液。

（2）尾静脉注射。可在近尾根的腹中线处进针，准确部位应根据动物大小不同而变化，一般距肛门 10～20 厘米。注射时，术者必须举起尾巴，使它与背中线垂直，另一只手持注射器在尾腹侧中线，垂直于尾纵轴进针至针头稍微触及尾骨。然后试着抽吸，若有回血，即可注射药液或采血。如果无回皿，可将针稍微退出 1～5 毫米，并再次用上述方法鉴别是否刺入。奶牛的尾静脉穿刺适用于小剂量的给药和采血，可在很大程度上代替静脉穿刺法。

2. 猪的静脉注射。常用耳静脉或前腔静脉。

（1）耳静脉注射。将猪站立或横卧保定，耳静脉局部按常规消毒处理。①一人用手指捏压耳根部静脉处或用胶带于耳根部结扎，使静脉充盈、怒张（或用酒精棉反复于局部涂擦以引起其充血）。②术者用左手把持猪耳，将其托平并使注射部位稍高。③右手持注射器，沿耳静脉管使针头与皮肤成 30°～45°角，刺入皮肤及血管内，轻轻抽活塞手柄如见回血即为已刺入血管，再将注射器放平并沿血管稍向前伸入。④解除结扎胶带或撤去压迫静脉的手指，术者用左手拇指压住注射针头，另手徐徐推进药液，注完为止。

（2）前腔静脉注射。可应用于大量的补液或采血。注射部位在第一肋骨与胸骨柄结合处的直前方。由于左侧靠近膈神经而易损伤，故多于右侧进行注射。

3. 马的静脉注射。多在颈静脉处（颈上及颈中 1/3 部的交界处），特殊情况下可在胸外静脉进行。

（1）柱栏保定，使马颈部稍前伸并稍偏向对侧，局部进行剪毛、消毒。

（2）术者用左手拇指（或食指与中指）在注射部位稍下方（近心端）压迫静脉管，使之充盈、怒张。

（3）右手持注射针头，沿颈静脉使与皮肤成45°角，迅速刺入皮肤及血管内，见有血液流出后，即证明已刺入；使针头后端靠近皮肤，以减小其间的角度，近似平行地将针头再伸入血管内1～2厘米。

（4）撤开压迫静脉的左手，排除注射器内的气泡，连接注射器或输液胶管，并用夹子将胶管近端固定于颈部毛、皮上，徐徐注入药液。注完后，以酒精棉球压迫局部并拔出针头，再以5%碘酊进行局部消毒。

4. 犬、猫的静脉注射。犬多在后肢外侧面小隐静脉或前肢正中静脉，猫多用后肢内侧面大隐静脉。

（1）后肢外侧面小隐静脉注射法。此静脉在后肢胫部下1/3的外侧浅表皮下。由助手将犬侧卧保定，局部剪毛、消毒。用胶皮带绑在犬股部，或由助手用手紧握股部，即可明显见到此静脉。右手持输液针头，先将针头刺入血管旁的皮下，而后与血管平行刺入静脉，接上注射器回抽。如见回血，将针尖顺血管腔再刺进少许，撤去静脉近心端的压迫，然后注射者一手固定针头，一手徐徐将药液注入静脉。

（2）前肢正中静脉注射法。该静脉比后肢小隐静脉粗一些，且比较容易固定，一般常用此静脉进行静脉注射或取血。注射方法同前述的后肢小隐静脉注射法。

（3）猫后肢内侧面大隐静脉注射法：此静脉在后肢膝部内侧浅表的皮下。助手将猫背卧后固定，伸展后肢向外拉直，暴露腹股沟，在腹股沟三角区附近，先用左手中指、食指探摸股动脉跳动部位，在其下方剪毛消毒；然后右手取注射器（5～6号针头），针头由跳动的股动脉下方直接刺入大隐静脉管内。注射方法同犬的后肢小隐静脉注射法。

（二）注意事项

静脉注射免疫应注意以下几点：①应严格遵守无菌操作规程，对所有注射用具、注射局部，均应严格消毒。②要看清注射局部的脉管，明确注射部位，防止乱扎，以免局部血肿。③要注意检查针头是否通顺，当反复穿刺时，针头常被血凝块堵塞，应随时更换。④针头刺入静脉后，要再进入1～2毫米，并使之固定。⑤注入药液前应排净注射器或输液胶管中的气泡。⑥要注意检查药品的质量，防止有杂质、沉淀；混合注入多种药液时注意配伍禁忌；油剂不能做静脉注射。⑦静脉注射量大时，速度不宜过快；药液温度，要接近于体温；药液的浓度以接近等渗为宜；注意心脏功能，尤其是在注射含钾、钙等药液时，更要当心。⑧静脉注射过程中，要注意动物表现，如有骚动不安、出汗、气喘、肌肉战栗等现象时应及时停止；当发现注射局部明显肿胀时，应检查回血，如针头已滑出血管外，则应整顺或重新刺入。⑨若静脉注射时药液外漏，可根据不同的药液，采取相应的措施处理。如为大量药液外漏，应作早期切开，并用高渗硫酸镁溶液引流。⑩局部可用5%～10%硫酸镁溶液进行温敷，以缓解疼痛。

温馨提示

免疫接种注意事项

(1) 免疫接种人员要注意个人消毒和防护，严格无菌操作，免疫接种中不准吸烟或吃食物。

(2) 选择疫苗时，应注意预定免疫的疫病有无血清型区别，若有血清型的区别，应选择与预定免疫的疫病血清型相同的疫苗或多价疫苗。

(3) 疫苗接种有多种方法，每种疫苗均有最佳的接种途径。一般弱毒苗应尽量模仿自然感染途径接种，如新城疫Ⅰ、Ⅴ系弱毒苗以滴鼻、点眼方式进行，灭活苗均应注射（皮下、肌肉）。

(4) 应严格按疫苗使用说明书规定的接种剂量接种并注意

保证接种剂量准确，剂量不易过大或过小，过大会使动物应激反应加剧，剂量过小则达不到免疫效果。

(5) 疫苗稀释后，活疫苗一般应在3～6小时内用完，灭活疫苗一般应当天用完。但随气温高低和疫苗不同而不同，如猪瘟活疫苗稀释后，气温在16℃以下时，6小时内用完；气温在16～27℃时，则应在3小时内用完。鸡马立克氏病活疫苗稀释后，应在1小时内用完。超过规定时间未用完的疫苗，应当废弃。

(6) 一次吸不完的疫苗，疫苗瓶塞上应固定一个消毒针头，专供吸取疫苗，吸取疫苗后不要拔出针头，用干酒精棉球包裹，以便再次吸取疫苗。严禁用给畜禽注射用过的针头吸取疫苗，避免疫苗被污染。

(7) 应根据接种剂量大小，选择大小适宜的注射器。注射器过大，注射剂量不准确；注射器过小，操作麻烦。

(8) 应根据接种对象的大小和肥瘦，选择适宜的针头。针头过短、过粗，注射后拔出针头时，疫苗易顺着针孔流出，或将疫苗注入脂肪层，未能注入肌肉内；针头过长，易伤及骨膜、脏器；针头过细，注射速度过慢。一般2～4周龄猪使用16号针头(2.5厘米长)，4周龄以上猪使用18号针头(4.0厘米长)；牛使用20号针头(4.0厘米长)；绵羊和山羊使用18号针头(4.0厘米长)；家禽使用12号针头。

(9) 注射接种时，应首先剪毛，再用2%～5%碘酊棉球由内向外螺旋消毒接种部位，最后用75%酒精棉球脱碘，待干后接种。

(10) 给家畜（牛、马、猪、羊、犬等）注射实行注射一畜，更换一次针头；给农村散养家禽注射，实行注射一户更换一次针头；给养禽场的禽注射，实行注射一笼换一次针头，但最多不超过1000只，必须更换一次针头。

(11) 疫苗在使用过程中应始终放在疫苗冷藏箱中，只有在吸取疫苗时方可取出。

(12) 接种疫苗时禁用消毒药及抗细菌病毒药。饮水免疫前后24小时，禁止在饮水中加入消毒药物，进行环境消毒时不要把消毒液喷到料水中。使用菌苗前7日、后10日禁止注射或饲喂任何抗菌药物，必须使用时，可在停药后10日补做一次免疫。使用病毒苗前后1周内不得使用抗病毒药、干扰素及免疫抑制剂，如地塞米松等。在使用疫苗的同时，为了提高免疫效果，可饲喂免疫促进剂，如左旋咪唑、维生素A、维生素C、维生素E等。

(13) 排出针头、针管内气体时，溢出的疫苗应用酒精棉球吸附，并将其收集于瓶内；用过的酒精棉球也应放入专用瓶内，禁止随意乱扔。用过的疫苗瓶不要乱扔，待免疫接种结束后，统一收集，一并无害化处理。

(14) 接种动物必须健康，病畜、瘦弱畜和临产母畜不宜接种。接种疫苗时防疫员要随身携带肾上腺素等抗过敏药物，一旦发现接种动物过敏，要及时救治。使用疫苗最好在早晨，在使用过程中，应避免阳光照射和高温高热。

(15) 接种疫苗后要注意观察畜禽情况，发现异常及时处理。有些疫苗使用后会出现过敏反应，所以在使用前应备好抗过敏药物，如肾上腺素等。

4 免疫接种后的工作

免疫接种后的观察和处理

免疫接种后，在免疫反应时间内，动物防疫员要对被接种动物进行反应情况观察，详细观察饮食、精神、大小便等情况，并抽测体温，对接种有反应的动物应予登记，反应严重的应及时救治。一般经

7～10 天没有反应时，可以停止观察。

（一）动物免疫接种后的反应现象

动物免疫接种后，可能出现以下几种类型的反应：

1. 正常反应。因疫苗本身的特性而引起的反应，其性质与反应强度因疫苗制品不同而异，一般表现为短时间精神不好或食欲稍减等。对此类反应一般可不作任何处理，会很快自行消退。

2. 严重反应。这和正常反应在性质上没有区别，主要表现在反应程度较严重或反应动物超过正常反应的比例。常见的反应有震颤、流涎、流产、瘙痒、皮肤丘疹等。引起严重反应的原因可能是某批疫苗质量问题，或免疫方法不当或某些动物敏感性不同等。对此类反应应密切监视，必要时进行适当处理。

3. 合并症。指与正常反应性质不同的反应，主要与接种生物制品性质和动物个体体质有关，只发生在个别动物，反应比较严重，需要及时救治。

（1）血清病。是由抗原抗体复合物产生的一种超敏反应，多发生于一次大剂量注射动物血清制品后，注射部位出现红肿、体温升高、荨麻疹、关节痛等，需精心护理和注射肾上腺素等。

（2）过敏性休克。个别动物于注射疫苗后 30 分钟内出现不安、呼吸困难、四肢发冷、出汗、大小便失禁等，需立即救治。

（3）全身感染。活疫苗接种后因机体防御机能不全或遭到破坏时发生的全身感染和诱发潜伏感染，或因免疫器具消毒不彻底致使注射部位或全身感染。

（4）变态反应。多为荨麻疹。

（二）免疫接种后异常反应的处理

对于免疫接种后反应严重的动物，如表现气喘、呼吸加快、眼结膜充血、全身震颤、皮肤发紫、出汗、呕吐、口吐白沫、频频排粪、后肢不稳或倒地抽搐等症状，如不及时抢救很可能死亡。救治方法：尽快皮下注射 0.1%盐酸肾上腺素，牛 5 毫升，猪和羊 1 毫升；肌注盐酸异丙嗪，牛 500 毫克，猪和羊 100 毫克；肌注地塞米松磷酸钠，牛 30 毫克，猪和羊 10 毫克，孕畜不用。

甚至还有些动物免疫接种后可能出现最急性症状，与急性反应相似，只是出现时间更快，反应更重。急救方法：迅速肌注地塞米松磷酸钠，牛 30 毫克，猪和羊 10 毫克，孕畜不用；肌注盐酸异丙嗪，牛 500 毫克，猪和羊 100 毫克；皮下注射 0.1%盐酸肾上腺素，牛 5 毫升，猪和羊 1 毫升，20 分钟后根据情况缓解程度可同剂量再注射 1 次。

对于休克的家畜，除上述急救措施外，还可迅速针刺耳尖、尾根、蹄头、大脉穴放少量血；迅速将去甲肾上腺素（牛 10 毫克、猪和羊 2 毫克）加入 10%葡萄糖注射液（牛 1500 毫升、猪和羊 500 毫升），静脉滴注。家畜苏醒且脉律恢复后换成维生素 C（牛 5 克、猪和羊 1 克）、维生素 B_6（牛 3 克、猪和羊 0.5 克）加入 5%葡萄糖注射液（牛 2000 毫升、猪和羊 500 毫升）静脉滴注；然后再用 5%碳酸氢钠液（牛 500 毫升、猪和羊 100 毫升）静脉滴注即可。

接种物品的处理

（一）清理器材

将注射器、针头、刺种针、滴管等器械洗净、煮沸消毒，备用。

（二）处理疫苗

开启和稀释后的疫苗，当天未用完者应废弃。未开启和未稀释疫苗，放入冰箱，在有效期内下次接种时首先使用。

（三）处理废弃物

1. 废弃。兽用生物制品有下列情况时应予废弃：无标签或标签不完整者；无批准文号者；疫苗瓶破损或瓶塞松动者；瓶内有异物或摇不散凝块者；有腐败气味或已发霉者；颜色改变、发生沉淀或超过规定量的分层、无真空等性状异常者；超过有效期者。

2. 处理。不适于应用而废弃的灭活疫苗、免疫血清及诊断液，应倾于小口坑内，加上石灰或注入消毒液，加土掩埋。活疫苗，应先采用高压蒸汽消毒或煮沸消毒方法消毒，然后再掩埋。用过的活疫苗瓶，必须采用高压蒸汽消毒或煮沸消毒后，方可废弃。凡被活疫苗污染的衣物、物品、用具等，应当用高压蒸汽消毒或煮沸消毒。污染的地区，应喷洒消毒液。

图 4-23 接种废弃物无害化处理

参考文献

李亚林，何成武．2009. 村级动物防疫员实用技术手册．北京：中国农业大学出版社．

陆桂平，胡新岗．2010. 动物防疫技术．北京：中国农业出版社．

乐汉桥，李振强，朱信德．2011. 动物疫病诊断与防控实用技术．北京：中国农业科学技术出版社．

王功民，等．2008. 村级动物防疫员技能培训教材．北京：中国农业出版社．

王克文．2009. 突发重大人畜共患病的处置．中国牧业通讯，18.

游佳音，等．2010. 村级动物防疫员必备技能．北京：中国农业出版社．

张洪让，唐顺其．2010. 动物防疫检疫操作技能．北京：中国农业出版社．

单元自测

1. 免疫接种注射器有哪几种类型?
2. 确定免疫时间应考虑哪些因素?
3. 简述免疫接种前应做的准备工作。
4. 畜禽常用的接种方法有哪些?
5. 简述免疫接种后应完成哪些工作?
6. 免疫接种后可能会出现什么反应?
7. 免疫接种后出现异常反应怎样处理?

技能训练指导

一、静脉注射免疫接种

(一) 材料和对象

材料:5%碘酊、70%酒精、新洁尔灭或来苏儿等消毒剂,工作服和帽、胶靴,免疫血清。

待免动物:牛、羊、猪或禽。

注射部位:牛、羊在颈静脉,猪在耳静脉或前腔静脉,禽在翼下静脉。

(二) 训练目的

掌握静脉注射免疫接种技术。

(三) 操作方法

保定动物,局部剪毛消毒后,看清静脉,用左手指按压注射部位稍下后方,使静脉显露,右手持注射器或注射针头,迅速准确刺入血管,见有血液流出时,放开左手,将针头顺着血管向里略微送深入,固定好针头,连续注射器或输液管,检查有回血后,缓慢注入免疫血清。注射完毕后,用消毒棉球紧压针孔,用手迅速拔出针头。为防止血肿,继续紧压针孔局部片刻,最后涂布5%碘酊消毒。

二、鸡的滴鼻免疫接种

（一）材料和对象

材料：5%碘酊、70%酒精、新洁尔灭或来苏儿等消毒剂，工作服和帽、胶靴，疫苗滴瓶、滴头。

待免动物：雏鸡。

（二）训练目的

掌握滴鼻免疫接种技术。

（三）操作方法

1. 准备疫苗滴瓶。将疫苗滴瓶内装入已充分溶解、稀释的疫苗，装上滴头，将瓶倒置，滴头向下拿在手中。

2. 保定动物。左手握住雏鸡，食指和拇指固定住雏鸡头部，鼻孔一侧向上。

3. 滴疫苗。两头与眼或鼻保持大约 1 厘米的距离，轻捏滴管，滴 1～2 滴疫苗于鸡鼻中，稍等片刻，待疫苗完全吸收后再放开鸡。

学习笔记

模块五
免疫程序

1 免疫程序制定

什么是免疫程序

根据当地疫情、动物机体状况（主要是指母源抗体及后天获得的抗体消长情况）以及现有疫苗的性能，为使动物机体获得稳定的免疫力，选用适当的疫苗，安排在适当的时间给动物进行免疫接种，这就叫免疫程序，也称免疫计划。

没有一个免疫程序是一成不变、一劳永逸的，需要随时根据相应的具体情况加以调整，才能达到理想的效果。免疫程序应当根据疫病在本地区及附近地区的发生与流行情况、抗体水平、疫病种类、生产需要、饲养管理方式、疫苗种类与性质、免疫途径以及畜禽的用途与年龄等方面的因素来制定。

制定免疫程序的依据

（一）当地疫病流行情况

当地疫病流行情况是制定免疫程序的第一依据。

当地流行的重大疫病应该是免疫的重中之重，特别是高致病性禽流感、口蹄疫、猪瘟等疫病的流行往往给养殖业造成重创，必须格外重视。免疫时应以当地流行的重大疫病为主线，穿插其他免疫。

应随时了解本养殖场与周边养殖场疫情变化，根据已发生过的疫病、发病日龄、发病频率及发病批次，确定免疫疫苗的种类与时机。保证下次疫病来袭之前，群体抗体水平足以有效抵抗疾病感染。对于本地区尚未证实发病的新流行疫病，建议不做相应疫苗免疫。

（二）母源抗体状况

母源抗体的被动免疫对新生畜禽十分重要，然而给疫苗的接种带来一定的影响。免疫程序的关键是排除母源抗体干扰，确定合适的首免日龄，最好选定在母源抗体不会影响疫苗的免疫效果而又能防御病原感染的期间，如果在母源抗体效价尚高时接种疫苗，即会被母源抗体中和部分弱毒，阻碍疫苗弱毒的复制，幼畜就不能产生主动免疫。

1. 各种疫病的母源抗体水平是确定首免时间的主要依据。了解幼畜的母源抗体的水平、抗体的整齐度和抗体的半衰期及母源抗体对疫苗不同接种途径的干扰，有助于确定首免时间。如传染性法氏囊病母源抗体的半衰期是6天，新城疫为4～5天。母源抗体水平的获得可以通过实际检测的方式获取。

2. 通过已有的检测数据推测首免日龄。不同疫病依据不太一样，如新城疫一般情况要用血凝抑制试验检测1日龄雏鸡的母源抗体，再推算出合适的首免日龄：

首免日龄＝4.5×（1日龄HI滴度－4）＋5

一般对鸡群抽样时，采取0.5%的雏鸡样品来测HI的均值，平均监测HI≤1∶16，就应免疫。

3. 凭经验确定首免时间。无条件试验检测的养殖场只能凭经验确定首免时间，一般新城疫的首免时间大约在1～10日龄，法氏囊的首免时间大约在4～6日龄（种鸡未免疫鸡群）或12～16日龄（种鸡免疫鸡群），传染性支气管炎的首免在1～10日龄，禽流感灭活苗（包括H5和H9）的首免一般在7～20日龄。

（三）疫苗的选择及其不同疫苗的免疫原性

有的疫病由于毒株众多，所以会制作出不同毒株的疫苗；由于佐剂可以增强免疫原性，所以可以制作出不同的灭活苗。要了解不同疫苗的特点，合理的选用疫苗，以达到更好的预防效果。因此，在制定免疫程序时应该根据当地疫病流行情况而选用相对应毒株的疫苗。

（四）合适的免疫时机

有些疫病的流行具有一定的季节性。比如夏季流行性乙型脑炎，秋冬季流行传染性胃肠炎和流行性腹泻。因此要把握适宜的免疫时机，一般应在该疫病流行季节之前1～2个月进行免疫接种。需要特别指出的是：在免疫接种后，如果短期内感染了病毒，由于抗原（疫苗）竞争，机体对感染病毒不产生免疫应答，这时的发病情况有可能比不接种疫苗时还要严重。

（五）疫苗之间的相互干扰

将两种或两种以上无交叉反应的疫苗同时免疫接种时，机体对其中一种疫苗的免疫应答降低。因此，为保证免疫效果，对当地比较流行的传染病最好单独接种，同时在产生免疫力之前不要接种对该疫苗有拮抗作用的疫苗，一般应间隔5～7天以上才可以免疫。

（六）接种途径对于机体免疫力的影响

同种疫苗采用不同的接种途径所获得的免疫效果不同。合理的接种途径能刺激机体快速产生免疫应答，而不合适的接种途径可能导致免疫失败和造成不良反应。

不同疫病引起感染门户和免疫门户不同所采用的接种方法不同，具有一定的固定性。例如，灭活苗、类毒素和亚单位疫苗一般采用肌内注射，弱毒苗可以采用气雾、点眼、滴鼻、注射、饮水、刺种等，而油苗只能采取注射法；呼吸道类传染病一般采用气雾、滴鼻、点眼方法接种。

不同疫苗所采取的接种方法有一定的固定性。例如，对于新城疫的免疫效果依次为气雾法-点眼法-滴鼻法-注射法-饮水法。鸡痘一般采取刺种法，猪气喘病弱毒冻干苗采用胸腔接种，伪狂犬病基因缺失苗对仔猪采用滴鼻效果更好，它既可建立免疫屏障又可避免母源抗体的干扰。

（七）不同形式的抗体在体内的消长规律

疫苗接种后，会在一定的时间内刺激机体产生相应的抗体，并不断增高，达到高峰后再逐渐下降，到一定时间后降到保护范围以下，这个时候就需要重新进行免疫。所以应根据抗体的消长规律，来确定疫苗接种的间隔时间。一般情况下，首免属于基础免疫，主要刺激机体产生识别和应答的能力，产生的抗体较少，维持时间较短，所以间隔时间也短；二免和再免产生的抗体维持时间逐渐延长；油苗产生抗体较多，维持时间较长，间隔时间可以延长。

影响抗体消长的原因：应激状态下产生抗体较少，营养不足产生抗体较少，亚健康状态产生抗体较少，有免疫抑制因素存在时产生抗体较少，反之较多。

（八）不同类型疫苗的免疫机制

机体的免疫作用主要有两种，一种是细胞免疫作用，另一种是体液免疫作用。弱毒苗能够启动细胞免疫作用和体液免疫作用，其免疫作用比较全面，且刺激机体产生抗体所需要的时间较短，能很快产生作用，而且其刺激产生的细胞免疫作用是局部免疫作用的主要力量，所以，一定要重视弱毒苗的免疫。但是，弱毒苗刺激产生的体液免疫作用较弱，产生的抗体较低，维持时间较短，单纯依靠弱毒苗的免疫有时不能彻底抵抗病原的攻击；灭活油苗主要启动体液免疫作用，且其体液免疫作用很强，使用油苗能够刺激机体产生足够的循环抗体，且其抗体在身体的维持时间较长，可以抵抗病原的在全身的扩散和影响。但是，油苗缺乏细胞免疫功能，且油苗免疫产生抗体所需要的时间较长，所以往往会出现较长的免疫空白期，在免疫空白期内如果有病原的攻击就会出现发病。而弱毒苗和油苗的配合使用，能够互相弥补，取长补短，而且兼顾了细胞免疫作用和体液免疫作用，使动物产生很好的免疫保护。

（九）疫苗接种日龄与机体易感性的关系

如马立克氏病（MD）的免疫必须在出壳 24 小时内，因为雏鸡对 MD 的易感染性最高，并且随着日龄增长，对 MD 易感性降低。传染性喉气管炎，成年鸡最易感，且发病典型，所以该病的接种应在 7 周龄以后免疫才可获得好的效果。禽脑脊髓炎（AE）必须在 10～15 周龄接种。10 周龄以前接种，有时能引起发病，15 周以后接种，可能发生蛋的带毒。鸡痘在 35 日龄以后接种，一次即可，35 日龄以内接种，则必须接种两次。鸡痘具有明显的季节性，夏秋季节育雏防两遍，第一遍应根据季节及早接种，第二遍产蛋前接种。

（十）免疫检测

通过监测抗体水平能够确切了解循环抗体水平，对确定接种时机具有很高的指导意义。通过免疫检测还可以测定接种后的免疫效果，只有接种后达到理想的抗体水平才是成功的接种，不成功的接种可以根据具体情况确定再次接种或提前再次接种。虽然，循环抗体的测定不能完全代表机体的综合免疫力，但是，免疫抗体检测是当前唯一具有实际测定意义的一种科学方法，所以使用免疫检测技术对疫苗免疫具有很高的指导意义。

2 免疫程序推荐

高致病性禽流感

（一）推荐的免疫程序

规模养殖场可按推荐免疫程序进行免疫，对散养鸡在春秋两季各实施一次集中免疫，每月对新补栏的鸡要及时补免。

1. 种鸡、蛋鸡免疫。

（1）初免。雏鸡7～14日龄，用H5N1亚型禽流感灭活疫苗。

（2）二免。初免后3～4周后可再进行一次免疫。

（3）加强免疫。开产前再用H5N1亚型禽流感灭活疫苗进行强化免疫；以后根据抗体检测结果，每隔4～6个月用H5N1亚型禽流感灭活苗免疫一次。

2. 商品代肉鸡免疫。7～10日龄时，用禽流感或禽流感—新城疫二联灭活疫苗免疫一次即可。

3. 种鸭、蛋鸭、种鹅、蛋鹅免疫。

（1）初免。雏鸭或雏鹅14～21日龄，用H5N1亚型禽流感灭活疫苗进行免疫。

（2）二免。间隔3～4周，再用H5N1亚型禽流感灭活疫苗进行一次免疫。

（3）加强免疫。以后根据抗体检测结果，每隔4～6个月用KN1亚型禽流感灭活疫苗免疫一次。

4. 商品肉鸭、肉鹅免疫。

（1）肉鸭。7～10日龄时，用H5N1亚型禽流感灭活疫苗进行一次免疫即可。

（2）肉鹅。①初免。7～10日龄时，用H5N1亚型禽流感灭活疫苗进行初次免疫。②加强免疫。第一次免疫后3～4周，再用H5N1亚型禽流感灭活疫苗进行一次加强免疫。

5. 散养禽免疫。春、秋两季用H5N1亚型禽流感灭活疫苗各进行一次集中全面免疫。每月定期补免。

6. 鹌鹑、鸽子等其他禽类免疫。按照疫苗使用说明书或参考鸡的免疫程序，剂量根据体重进行适当调整。

7. 调运家禽免疫。对调出县境的种禽或其他非屠宰家禽，要在调运前2周进行一次禽流感强化免疫。

8. 紧急免疫。发生疫情时，要对受威胁区域的所有易感家禽进行一次强化免疫。边境地区受到境外疫情威胁时，要对距边境30千米范围内所有地区的家禽进行一次强化免疫。对发生或检出禽流感变异毒株地区及毗邻地区的家禽，用相应禽流感变异毒株疫苗进行加强免疫。

以上提供的只是参考程序，实际免疫程序可以通过抗体监测来确定，当鸡的平均 HI 抗体下降至 4 $\log^2$、水禽的平均 HI 抗体下降至 3 $\log^2$时，应进行免疫。对于鸡来讲，如果确定第一次免疫后抗体能达到保护且免疫抗体比较整齐时，可以不用进行 5 周龄左右的免疫，而鸭、鹅等水禽则必须进行一次加强免疫。

（二）常用疫苗及使用方法

1. 重组禽流感病毒 H5N1 亚型灭活疫苗。该疫苗可用于鸡、鸭、鹅和鸽子等多种禽类。对于蛋鸡和种鸡可分别于 2 周龄、5～6 周龄、17～18 周龄各免疫一次，初次免疫的剂量为 0.3 毫升/只，采用颈部皮下注射途径接种，以后每隔 4 个月免疫一次。免疫蛋鸭、种鸭、蛋鹅和种鹅时，第一次均在 2 周龄时进行免疫，剂量为 0.5 毫升/只；第 2 次在 5 周龄时免疫，剂量均为 1.0 毫升/只；第三次在开产前进行免疫，鸭的免疫剂量 1.0 毫升/只；鹅的免疫剂量为 1.5 毫升/只；第三次免疫结束后，鸭每 6 个月免疫一次，剂量为 1.0 毫升/只；鹅每 4 个月免疫一次，剂量为 1.5 毫升/只。鸽子的免疫与蛋鸡的免疫程序相同，只是剂量不可超过 0.5 毫升/只，否则可能会造成较重的反应。在雏禽常采用颈后部皮下注射，成禽则常采用肌内注射。肉鸡和肉鸭等也可以用该疫苗进行免疫，但要注意的是，在鸡食用前 28 天内不能使用禽流感灭活疫苗进行免疫。

2. 禽流感 H5N2 亚型灭活疫苗。该疫苗主要用于蛋鸡或种鸡的免疫。可分别于 2 周龄、5～6 周龄、17～18 周龄各免疫一次，以后每隔 4 个月免疫一次。初次免疫的剂量为 0.3 毫升/只，采用颈部皮下注射；以后每次免疫剂量为0.5毫升/只，胸部肌肉或颈部皮下注射。

3. H5 亚型禽流感重组鸡痘病毒载体活疫苗。该疫苗适用于各种品种的鸡的免疫，其产生抗体的时间比灭活疫苗早，而且吸收快，不影响肉质，尤其适用于生长期较短的肉鸡。该疫苗对鸭和鹅等水禽免疫效果不理想。

该疫苗应在低温（－20℃）下保存；保存温度要相对稳定，不能忽高忽低，或者反复冻融，否则疫苗的效价会迅速下降。在运输时则应放在保温箱内，同时加入冰袋等。使用时要观察疫苗外观是否正常，对一些瓶签说明不清、有裂缝破损、色泽形状不正常或瓶内发现杂质异物等疫苗应停止使用，过期产品不能使用。

使用时用灭菌的生理盐水稀释，绝对不能用自来水，因自来水中含有一定的消毒剂，可全部或部分杀灭活疫苗，也不能用井水稀释，因井水中可能会存在一定量的细菌，会导致在接种疫苗的同时也接种了细菌，从而造成全身或局部的不良反应。该疫苗的最佳接种途径是翅膀内侧无毛处刺种，每只鸡最好重复刺种一次，确保免疫更确实。

口蹄疫

（一）推荐的免疫程序

1. 规模化养殖家畜。

（1）猪、羊。①初免。28～35日龄仔猪或羔羊，免疫剂量分别是成年猪、羊的一半。②二免：间隔1个月进一次强化免疫。③加强免疫。以后每隔6个月免疫一次。

（2）牛。①初免。90日龄犊牛，免疫剂量是成年牛的一半。②二免。间隔1个月进行一次强化免疫。③加强免疫：以后每隔6个月免疫一次。

2. 散养家畜。春、秋两季对所有易感家畜进行一次集中免疫，每月定期补免。有条件的地方可参照规模养殖家畜和种畜免疫程序进行免疫。

3. 调运家畜。对调出县境的种用或非屠宰畜，要在调运前2周进行一次强化免疫。

4. 紧急免疫。发生疫情时，要对疫区、受威胁区域的全部易感动物进行一次强化免疫。边境地区受到境外疫情威胁时，要对距边境线30千米的所有地区的全部易感动物进行一次强化免疫。

（二）常用疫苗及使用方法

1. 牛O型口蹄疫灭活疫苗。系选择抗原谱广、抗原性和免疫原性良好的牛源强毒OA/58为毒种，接种于BHK-21传代细胞系单层培养，制备病毒抗原，经二乙烯亚胺（BEI）灭活，加矿物油佐剂制成的乳剂疫苗。为略带粉红色或乳白色的黏滞性液体。用于各种年龄的黄牛、水牛、奶牛、牦牛预防接种和紧急接种，免疫持续期为6个月。成年牛肌内注射3毫升，1岁以下犊牛肌内注射2毫升。本品应防止冻结。在4～8℃条件下贮存，有效期为10个月。

2. 猪O型口蹄疫灭活疫苗。用猪源强毒接种BHK-21或IBRS-2细胞单层，收获细胞毒液，经二乙烯亚胺（BEI）灭活，与油佐剂混合乳化制成。为乳白色或淡红色黏滞性乳状液，经贮存后允许液面上有少量油，瓶底有微量水（分别不得超过1/10），摇之即呈均匀乳状液。用于预防猪O型口蹄疫，免疫持续期6个月。疫苗注射前充分摇匀，猪耳根后肌内注射，体重10～25千克注射2毫升；25千克以上注射3毫升。注意疫苗应在10℃以下冷藏包装运送。本品保存于2～10℃冷库，有效期为1年。

3. 口蹄疫O型鼠化弱毒活疫苗。用口蹄疫O型鼠化弱毒株接种乳兔，收获含毒组织并磨碎，将病毒浸出液加入等量甘油制成。为暗赤色液体。静置后，瓶底有部分沉淀；振摇后，呈均匀的混悬液。用于预防1岁以上的黄牛、牦牛和4个月以上的绵羊、山羊O型口蹄疫。牛肌内注射2毫升，羊皮下注射1毫升，免疫持续期6～8个月。本品不能用于猪、奶牛、水牛。在－12℃以下保存，有效期为1年；在2～6℃保存期为5个月；在20～22℃保存期为7天。

高致病性猪蓝耳病

（一）推荐的免疫程序

1. 活疫苗。

（1）种猪群。每年免疫3次，每次肌内注射1头份（2毫升）/头。

（2）后备种猪群。①初免。配种前4周，肌内注射1头份（2毫升）/头。②二免。配种前6～8周强化免疫，每次肌内注射1头份（2毫升）/头。

（3）仔猪。断奶前1周免疫一次，肌内注射1头份（2毫升）/头。

对蓝耳病阳性猪场，种猪群和保育结束前仔猪全群普免一次；间隔4周，种猪群再次普免一次。

2. 灭活疫苗。

（1）商品猪。①首免。断奶后肌内注射，剂量2毫升。②加强免疫。高致病性蓝耳病流行地区1个月后加强免疫一次。

（2）母猪。70日龄前同商品猪，以后每次分娩前1个月加强免疫一次，每次肌内注射4毫升。

（3）种公猪。70日龄前同商品猪，以后每6个月加强免疫一次，每次肌内注射4毫升。

（二）常用疫苗及使用方法

用于预防高致病性猪蓝耳病的疫苗主要是猪繁殖与呼吸综合征灭活疫苗（NVDC-JXA1株）。耳后根肌内注射。3周龄及以上仔猪，每头2毫升；母猪，在怀孕40日内进行初次免疫接种，间隔20日后进行第二次接种，以后每隔5个月接种一次，每次每头2毫升；种公猪，初次接种与母猪同时进行，间隔20日后进行第二次接种，以后每隔6个月接种一次，每次每头2毫升。

使用该疫苗应注意以下事项：①该疫苗只用于接种健康猪。②疫苗使用前应恢复到室温并充分振摇。③接种用器具应无菌，注射部位应严格消毒。④对妊娠母猪应慎用，避免引起机械性流产。⑤接种后，个别猪可能出现体温升高、减食等反应，一般在2日内自行恢复，重者可注射肾上腺素，并采取辅助治疗措施。⑥疫苗开封后，应限当日用完。⑦用过的疫苗瓶、器具和未用完的疫苗等应进行无害化处理。⑧屠宰前21日内不得进行接种。

猪瘟

（一）推荐的免疫程序

1. 种公猪。每年春、秋季用猪瘟兔化弱毒苗各免疫一次。

2. 种母猪。每年春、秋以猪瘟兔化弱毒苗各免疫接种一次或在母猪产前30天免疫接种一次。

3. 仔猪。

（1）首免。20日龄猪瘟兔化弱毒苗；或仔猪出生后未吮初乳前用猪瘟兔化弱毒苗超前免疫。

（2）加强免疫。70日龄猪瘟兔化弱毒苗。

4. 新引进猪。应及时补免。

（二）常用疫苗及使用方法

目前市场上预防猪瘟的疫苗主要有三种。

1. 猪瘟活疫苗（Ⅰ）——乳兔苗。该疫苗为肌内或皮下注射。使用时按瓶签注明头份用无菌生理盐水按每头份1毫升稀释，大小猪均为1毫升。该疫苗禁止与菌苗同时注射。注射本苗后可能有少数猪在1～2天内发生反应，但3日后即可恢复正常。接种后如出现过敏反应，应及时注射抗过敏药物，如肾上腺素等。该疫苗要在－15℃以下避光保存，有效期为12个月。该疫苗稀释后，应放在冷藏容器内，严禁结冰，如气温在15℃以下，6小时内要用完；如气温在15～27℃，应在3小时内用完。注射的时间最好是进食后2小时或进食前。

2. 猪瘟活疫苗（Ⅱ）——细胞苗。该疫苗大小猪都可使用。按标签注明头份，每头份加入无菌生理盐水1毫升稀释后，大小猪均皮下或肌内注射1毫升。注射4天后即可产生免疫力，注射后免疫期可达12个月。该疫苗宜在－15℃以下保存，有效期为18个月。注射前应了解当地确无疫病流行。随用随稀释，稀释后的疫苗应放冷暗处，并限2小时内用完。断奶前仔猪可接种4头份疫苗，以防母源抗体干扰。

3. 猪瘟活疫苗（Ⅰ）——淋脾苗。该疫苗为肌内或皮下注射。使用时按瓶签注明头份用无菌生理盐水按每头份1毫升稀释，大小猪均1毫升。该疫苗应在－15℃以下避光保存，有效期为12个月。疫苗稀释后，应放在冷藏容器内，严禁结冰。如气温在15℃以下，6小时内用完。如气温在15～27℃，则应在3小时内用完。注射的时间最好是进食后2小时或进食前。

温馨提示

猪瘟疫苗使用注意事项

（1）三种猪瘟疫苗在没有猪瘟流行的地区，断奶后无母源抗体的仔猪，注射一次即可。

（2）在有疫情威胁时，仔猪可在21～30日龄和65日龄左右各注射一次。

（3）接种疫苗的猪必须健康无病，如猪体质瘦弱、有病，体温升高或食欲不振等均不应注射。

（4）接种用各种工具，须在用前消毒。每注射1头猪，必须更换一次煮沸消毒过的针头，严禁打“飞针”。

（5）注射部位应先剪毛，然后用碘酊消毒，再进行注射。

（6）三种猪瘟疫苗如果在有猪瘟发生的地区使用，必须有兽医指导，注射后防疫人员应在1周内进行逐日观察。

鸡新城疫

（一）推荐的免疫程序

1. 种鸡、蛋鸡。

（1）初免。7日龄，新城疫—传支（H120）二联苗每只鸡滴鼻

1～2 滴，同时新城疫灭活苗每只鸡颈部皮下 0.3 毫升。

（2）二免。60 日龄，用新城疫Ⅰ系弱毒活疫苗或新城疫灭活苗肌内注射。

（3）加强免疫。120 日龄，新城疫灭活苗每只鸡颈部皮下 0.5 毫升。开产后，根据免疫抗体检测情况，3～4 个月用新城疫Ⅳ系弱毒活疫苗饮水免疫一次。

2. 肉鸡。7～10 日龄：新城疫—传支（H120）二联苗每只鸡滴鼻 1～2 滴，同时新城疫灭活苗每只鸡颈部皮下 0.3 毫升。

（二）常用疫苗及使用方法

1. 中等毒力的疫苗。包括 H 株、Roakin 株、Mukteswar 株、Komorov 株等，我国主要使用 Mukteswar 株（即Ⅰ系）。Ⅰ系疫苗使用后免疫产生快，一般注苗后 3 天产生免疫力，免疫持续时间长，免疫期为 1～1.5 年，保护力强。主要应用于有基础免疫的鸡群作加强免疫。Ⅰ系疫苗多采用注射或刺种方法接种，也可采用饮水和气雾免疫。Ⅰ系注苗后应激较大，对产蛋高峰鸡群有一定影响。由于Ⅰ系使用后存在毒力返强和散毒的危险性，易使鸡群隐性感染，发生慢性新城疫，养鸡场要长期控制好新城疫，应慎用Ⅳ系。

2. 弱毒疫苗。包括Ⅱ系（B1 株）、Ⅲ系（F 株）、Ⅳ系（Lasota 株）、V4、克隆株等。

（1）Ⅱ系疫苗。安全，使用后无临床反应，适用于各种年龄鸡只免疫，特别是雏鸡免疫，接种后 6～9 天产生免疫力，免疫期 3 个月以上，但因多种因素影响，免疫期常达不到 3 个月。本疫苗可用滴鼻、点眼、饮水、气雾等方法接种。Ⅱ系苗免疫原性较差，不能克服母源抗体的干扰，保护力不强，如遇强毒感染，对鸡群不能完全保护。据报道，在新城疫强毒流行的地区，1 月龄雏鸡用Ⅱ系苗免疫其保护率仅为 10%。

（2）Ⅲ系疫苗。其特点与Ⅱ系相似，主要用于雏鸡免疫，其接种途径为滴鼻、点眼、饮水、气雾和肌内注射，但可引起一过性的轻微呼吸道症状。

（3）Ⅳ系疫苗。毒力较Ⅱ系、Ⅲ系强，因其免疫原性好，可以克服母源抗体影响，抗体效价高，适用于各种年龄鸡只的免疫，目前世界各国广泛应用于雏鸡免疫。通常采用滴鼻点眼、饮水方式免疫，也可用作气雾免疫。由于其本身仍有一定的病原性，首免不能采用气雾免疫，否则会导致上呼吸道敏感细胞的病理损伤，增加病原菌的继发感染。对慢性呼吸道疾病存在的鸡群，采用气雾免疫易激发慢性呼吸道疾病的暴发。

（4）V4（耐高温株）。具有良好的安全性、免疫原性和耐热性，可常温保存，在22～30℃环境下保存60天其活性和效价不变。V4苗可以通过饮水、滴鼻、肌内注射等方式接种。V4苗还具有自然传播性，能通过自然途径免疫在鸡群中迅速传播，产生的血清抗体较高，具备抵抗强毒攻击的能力，是防控新城疫的理想弱毒株。V4苗因使用效果较好，使用安全方便，目前在国外广泛应用，国内应用相对较少。

（5）克隆株疫苗。目前市售的主要有进口的Clone-30、N-29和国产的Clone-83、N-88等几种，其中Clone-30应用较广。Clone-30毒力低，安全性高，免疫原性强，不受母源抗体干扰，可用于任何日龄鸡。一般进行滴鼻、点眼、肌内注射，免疫后7～9天即可产生免疫力，免疫持续期达5个月以上。

3. 灭活疫苗。来源于感染性尿囊液，用β-丙内酯或福尔马林杀灭病毒后再用氢氧化铝胶吸附，或制成灭活油佐剂疫苗，目前以油乳剂灭活苗应用较多。油乳剂灭活苗不含活的病毒，使用安全，且经加入油佐剂后免疫原性显著增强，受母源抗体干扰较少，能诱发机体产生坚强而持久的免疫力。一般接种后10～14天产生免疫力，免疫后产生的抗体高于活疫苗且维持时间长。由于油乳剂灭活苗成本较高，必须通过注射方法（皮下或肌内注射）接种，故在使用上受到一定限制。但其使用方便，可以在常温下运输和保存，且安全可靠，免疫期长，目前应用越来越普通。

猪链球菌病

（一）推荐的免疫程序

1. 种猪。使用猪败血性链球菌弱毒疫苗进行免疫注射，种母猪在产前肌内注射，种公猪每年注射两次。也可用猪链球菌多价灭活疫苗进行免疫。

2. 仔猪。使用猪败血性链球菌弱毒疫苗进行免疫注射。仔猪35～45日龄肌内注射。发病猪场可用猪链球菌ST171弱毒冻干苗进行首免，60日龄进行第二次免疫。

3. 紧急免疫。如果本病正在流行，怀孕母猪应在产前15～20天再加强免疫一次，仔猪可提前到15日龄免疫。

（二）常用疫苗及使用方法

常用的疫苗为猪链球菌2型灭活疫苗。疫苗中含有灭活的猪链球菌2型HA9801菌株培养物，灭活前每头份$>2\times10^9$个CFU。该疫苗静置后上层为淡黄色或无色澄明液体，下层为灰白色或灰褐色沉淀，振摇后呈均匀混悬液。储藏条件2～8℃。有效期为1年；25℃条件下有效期为1个月。

肌内注射，猪只不论大小，每头接种2毫升；免疫后14日按同剂量进行第二次接种。免疫期暂定为4个月。

温馨提示

猪链球菌2型灭活疫苗使用注意事项

- 该疫苗严禁冻结。
- 未使用过该疫苗的地区，应先小范围试用，观察3～5天，证明确实安全后才能大量用。
- 紧急预防应先在疫区周围使用，再到疫区使用。
- 体弱有病猪只不得使用该疫苗。

布鲁氏菌病

（一）推荐的免疫程序

在疫病流行地区，春季或秋季对易感家畜进行一次免疫。

（二）常用疫苗及使用方法

1. 布鲁氏菌病活疫苗（Ⅰ）。该疫苗系用羊种布鲁氏菌 M5 或 M5-90 弱毒菌株，接种于适宜培养基培养，将培养物加适当稳定剂，经冷冻真空干燥制成。为黄褐色海绵状疏松团块，易与瓶壁脱离。加稀释液后迅速溶解。本品用于预防牛、羊布鲁氏菌病，免疫持续期 3 年。用法用量：皮下注射、滴鼻、气雾法及口服法接种。牛皮下注射应含 250 亿个活菌，室内气雾 250 亿个活菌，室外气雾 400 亿个活菌。山羊和绵羊皮下注射 10 亿个活菌，滴鼻 10 亿个活菌，室内气雾 10 亿个活菌，室外气雾 50 亿个活菌，口服 250 亿个活菌。

温馨提示

布鲁氏菌病活疫苗（Ⅰ）使用注意事项

- 免疫接种时间在配种前 1～2 个月进行较好，妊娠期母畜及种公畜不进行预防接种。
- 只对 3～8 个月龄奶牛接种，成年奶牛一般不接种。
- 该疫苗对人有一定致病力，制苗及预防接种工作人员，应做好防护，避免感染或引起过敏反应。
- 该疫苗冻干苗在 0～8℃保存，有效期为 1 年。

2. 布鲁氏菌病活疫苗（Ⅱ）。该疫苗系用猪种布鲁氏菌 2 号弱毒株接种于适宜培养基培养，收获培养物加适当稳定剂，经冷冻真空干燥制成。为黄褐色海绵状疏松团块，易与瓶壁脱离，加稀释液后，迅速溶解。本品用于预防山羊、绵羊、猪和牛的布鲁氏菌病。免疫持续期：羊为3年，牛为2年，猪为1年。该疫苗最适于作口服免疫，亦可作肌内注射。口服对怀孕母畜不产生影响，畜群每年服苗一次，继续数年不会造成血清学反应长期不消失的现象。

（1）口服免疫。山羊和绵羊不论年龄大小，每头一律口服100亿活菌；牛为500亿活菌；猪口服两次，每次200亿活菌，间隔1个月。

（2）注射免疫。皮下或肌内注射均可，山羊每头注射25亿活菌，绵羊50亿活菌，牛500亿活菌，猪注射2次，每次200亿活菌，间隔1个月。

温馨提示

布鲁氏菌病活疫苗（Ⅱ）使用注意事项

- 注射免疫不能用于孕畜。
- 疫苗稀释后应当天用完。
- 拌水饮服或灌服时，应注意用凉水，若拌入饲料中，应避免用含有添加抗生素的饲料、发酵饲料或热饲料，免疫动物在服苗的前后3天，应停止使用抗生素添加剂饲料和发酵饲料。
- 该疫苗对人有一定的致病力，工作人员大量接触可引起感染，制苗人员应注意消毒和防护，使用疫苗时，也要注意个人防护，用过的用具须煮沸消毒，木槽可以日光消毒。
- 该疫苗冻干苗在0～8℃保存，有效期为1年。

绵羊痘和山羊痘

（一）推荐的免疫程序

无论羊只大小，在尾内侧或股内侧皮内每只注射0.5毫升山羊痘疫苗，每年一次。羊羔断乳后再加强免疫一次。

（二）常用疫苗及使用方法

1. 山羊痘活疫苗。用于预防绵羊痘及山羊痘。疫苗为微黄色海绵状疏松团块，易与瓶壁脱离，加生理盐水后迅速溶解。在－15℃以下，有效期为2年。接种后4～5日产生免疫力，免疫期为1年。

尾根内侧或股内侧皮内注射，按瓶签注明头份，用生理盐水（或注射用水）稀释为每头份0.5毫升，不论羊只大小，每只注射0.5毫升。

> **温馨提示**
>
> 山羊痘活疫苗使用注意事项
>
> • 该疫苗可用于不同品系和不同年龄的山羊及绵羊，也可用于孕羊：但给怀孕羊注射时，应避免抓羊引起机械性流产。
>
> • 在羊痘流行的羊群中、可用该疫苗对未发痘的健康羊进行紧急接种。
>
> • 稀释后的疫苗须当天用完。

2. 绵羊痘活疫苗。用于预防绵羊痘，为微黄色海绵状疏松团块，易与瓶壁脱离，加生理盐水后迅速溶解。在－15℃以下，有效期为2年。接种后第6日即可产生坚强免疫力，免疫期为1年。

尾根内侧或股内侧皮内注射，按瓶签注明头份，用生理盐水（或注射用水）稀释为每头份0.5毫升，不论羊只大小，每只注射0.5毫升。3月龄以内的哺乳羔羊，在断乳后应加强注射1次。

> **温馨提示**
>
> 绵羊痘活疫苗使用注意事项
>
> • 该疫苗可用于不同品系的绵羊，也可用于怀孕羊，但给怀孕羊注射时，应避免抓羊引起的机械性流产。

• 发生绵羊痘地区，或受绵羊痘威胁的羊群均可注射该疫苗；在绵羊痘流行的羊群中，也可用该疫苗给未发痘的羊紧急接种。

• 在非疫区应用时，需先做小区试验，证明安全后方可全面使用。

• 稀释后的疫苗须当日用完。

炭疽

（一）推荐的免疫程序

对3年内曾发生过疫情的乡（镇）易感牲畜每年进行一次免疫。发生疫情时，要对疫区、受威胁区所有易感牲畜进行一次强化免疫。

（二）常用疫苗及使用方法

1. Ⅱ号炭疽芽孢苗。用于预防大动物、绵羊、山羊、猪的炭疽。免疫期，山羊为6个月，其他动物为1年。甘油疫苗静置后，为透明液体，瓶底有少量灰白色沉淀，振荡后呈均匀混悬液；铝胶疫苗静置后，上层为透明液体，下层为灰白色沉淀，振荡后呈均匀混悬液。在2～8℃，有效期为2年。皮内注射每头（只）0.2毫升或皮下注射1毫升。

温馨提示

Ⅱ号炭疽芽孢苗使用注意事项

• 疫苗使用前必须充分摇匀。

• 山羊、马慎用。

• 宜秋季使用，在牲畜春乏或气候骤变时，禁止使用。

• 不良反应：①注射该疫苗后，部分家畜可能有2～3天的体温升高反应，注射部位有轻微肿胀。②个别家畜有食欲减退现象，休息2～3天，即可恢复正常。

2. 无荚膜炭疽芽孢苗。用于预防马、牛、绵羊和猪的炭疽病。免疫期为1年。甘油苗静置后，为透明的液体，瓶底有少量灰白色沉淀，振荡后呈均匀混悬液；铝胶苗静置后，上层为透明液体，下层为灰白色沉淀，振荡后呈均匀混悬液。在2～8℃，有效期为2年。

皮下注射。牛、马，1岁以上1毫升，1岁以下0.5毫升；绵羊、猪，0.5毫升。

注意事项同Ⅱ号炭疽芽孢苗。注射该疫苗后，部分家畜可能有1～3天的体温升高反应，注射部位可能发生核桃大的肿胀，3～10天可消失。

狂犬病

（一）推荐的免疫程序

1. 首免。3月龄以上。

2. 加强免疫。每隔12个月加强免疫一次。

（二）常用疫苗及使用方法

常用疫苗为狂犬病兽用活疫苗（ERA株）。用预防马、牛、绵羊、山羊、犬等家畜狂犬病，接种后20日即产生免疫力，免疫期1年以上。外观呈白色海绵状疏松团块，加稀释液即呈溶解均匀的混悬液。在－15℃以下，有效期为12个月；在0～4℃，有效期为6个月。

按瓶签注明的头份，用灭菌蒸馏水或生理盐水进行稀释，稀释为每头份1毫升，充分振荡、溶解，在家畜后腿或臀部作肌内注射。犬，2月龄以上，每只肌内注射1毫升。绵（山）羊，每只肌内注射2毫升。马、牛，每头（匹）肌内注射5毫升。注意体弱、有病家畜不宜接种，苗稀释后限6小时用完。

参考文献

李亚林，何成武，等.2009. 村级动物防疫员实用技术手册. 北京：中国农业大学出版社.

乐汉桥，李振强，朱信德，等. 2011. 动物疫病诊断与防控实用技术. 北京：中国农业科学技术出版社.

游佳音，等. 2010. 村级动物防疫员必备技能. 北京：中国农业出版社.

单元自测

1. 什么是免疫程序?
2. 制定免疫程序应考虑哪些因素?
3. 弱毒苗和灭活油苗的免疫机制有何不同?

技能训练指导

一、疫苗使用前的准备

(一) 材料

材料：5%碘酊、70%酒精、新洁尔灭或来苏儿等消毒剂，脱脂棉，工作服和帽、胶靴，动物保定用具。

疫苗：动物常用弱毒疫苗及灭活疫苗。

(二) 训练目的

掌握疫苗的使用方法。

(三) 操作方法

(1) 检查疫苗外观，凡发现疫苗瓶破损、瓶盖或瓶塞密封不严或松动、无标签或标签不完整（标签包括疫苗名称、批准文号、生产批号、出厂日期、有效期、生产厂家等）、超过有效期、色泽改变、发生沉淀、破乳或超过规定量的分层、有异物、有霉变、有摇不散的凝块、有异味、无真空等，一律不得使用。

(2) 详细阅读疫苗使用说明书，了解疫苗的用途、用法、用量和注意事项等。

(3) 疫苗从贮藏容器中取出后，免疫接种前，应置于室温（15～25℃），以平衡疫苗温度。如鸡马立克氏病活疫苗从液氮罐中取出后，应迅速放入27～35℃温水中速融（不能超过10秒）后再稀释。

二、稀释疫苗

(一) 材料和对象

材料：5%碘酊、70%酒精、新洁尔灭或来苏儿等消毒剂，玻璃注射器（1、2、5毫升等规格）、针头（兽用12号、人用6～9号），脱脂棉，工作服和帽、胶靴，疫苗稀释用瓶，动物保定用具。

疫苗：动物常用弱毒疫苗及灭活疫苗，相应的稀释液。

待免动物：猪、牛、羊、禽、犬、兔等动物。

(二) 训练目的

掌握疫苗的使用方法。

(三) 操作方法

(1) 按疫苗使用说明书注明的头（只）份，用规定的稀释液，按规定的稀释倍数和稀释方法稀释疫苗。无特殊规定的可用注射用水或生理盐水。

(2) 稀释疫苗前，先除去稀释液瓶和疫苗瓶封口的火漆或石蜡。

(3) 用70%酒精棉消毒疫苗和稀释液的瓶盖。

(4) 用带有针头的灭菌注射器吸取少量稀释液注入疫苗瓶中，充分震荡溶解后，吸取注入盛放疫苗液的空瓶中，反复冲洗疫苗瓶2～3次，使疫苗充分转入疫苗液瓶中，补足所需稀释液，摇匀备用。

学习笔记

模块六 畜禽标识和免疫档案建立

1 畜禽标识

畜禽标识是指经农业部批准使用的耳标、电子标签、脚环以及其他承载畜禽信息的标识物。畜禽标识实行一畜一标，编码具有唯一性，动物出生后不久并经免疫即可加挂。目前，我国家畜标识采用的是二维码标识耳标，标识编码由畜禽种类代码、县级行政区域代码、标识顺序号共 15 位数字及专用条码组成，如猪、牛、羊的畜禽种类代码分别为 1、2、3，动物一经加挂二维码标识耳标后，应及时将标识编码和有关信息输入移动智能识读器，并上传至畜禽标识信息数据库。这样，在动物的饲养、运输、流通等各个环节，通过识读器读取动物的二维码标识耳标，即可随时获得该动物防疫等相关信息，在发生重大动物疫病和动物产品安全事件时，利用牲畜唯一编码标识追溯原产地和同群畜，能够实现快速、准确控制动物疫病。

家畜耳标样式

（一）家畜耳标组成及结构

家畜耳标由主标和辅标两部分组成。主标由主标耳标面、耳标颈、耳标头组成。辅标由辅标耳标面和耳标锁扣组成。

（二）家畜耳标形状

1. **猪耳标**。主标耳标面为圆形，辅标耳标面为圆形。

图 6-1　猪耳标

2. **牛耳标**。主标耳标面为圆形，辅标耳标面为铲形。

图 6-2　牛耳标

3. **羊耳标**。主标耳标面为圆形，辅标耳标面为带半圆弧的长方形。

（三）家畜耳标颜色

猪耳标为肉色，牛耳标为浅黄色，羊耳标为橘黄色。

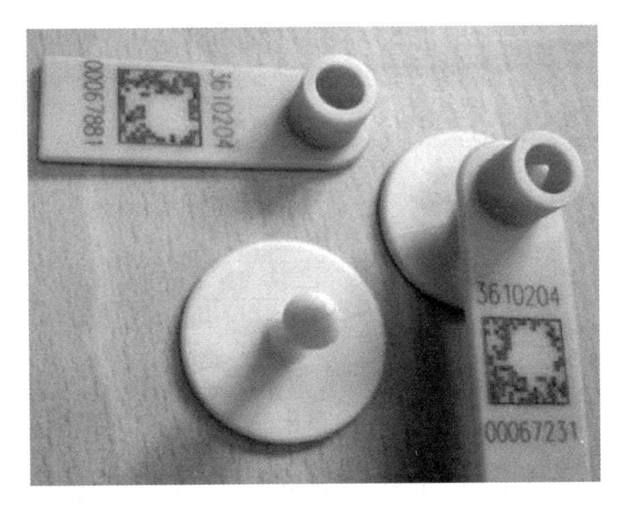

图 6-3 羊耳标

(四) 家畜耳标编码

家畜耳标编码由激光刻制。猪耳标刻制在主标耳标面正面，排布为相邻直角两排，上排为主编码，右排为副编码。牛、羊耳标刻制在辅标耳标面正面，编码分上、下两排，上排为主编码，下排为副编码。专用条码由激光刻制在主、副编码中央。

耳标编码由畜禽种类代码、县级行政区域代码、标识顺序号共 15 位数字及专用条码组成。主编码由 7 位数字组成，代表牲畜种类（如猪 1、牛 2、羊 3）和产地（如北京市顺义区区域代码为 110113）；副编码由 8 位字符构成，代表牲畜个体连续编码。实行一畜一标，编码具有唯一性。

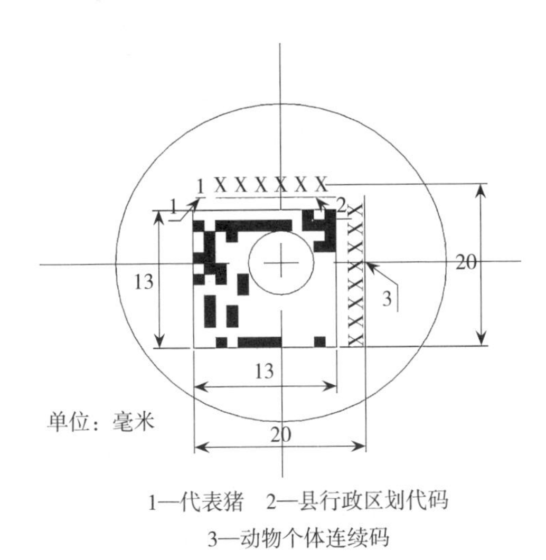

1—代表猪 2—县行政区划代码
3—动物个体连续码

图 6-4 猪耳标编码示意

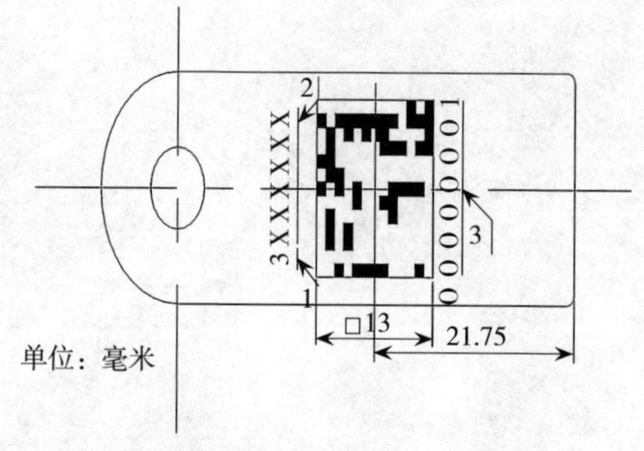

1—代表羊　2—县行政区划代码

3—动物个体连续码

图 6-5　羊耳标编码示意

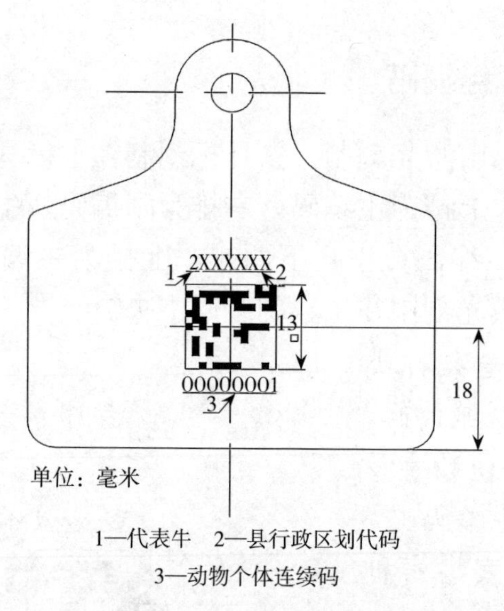

1—代表牛　2—县行政区划代码

3—动物个体连续码

图 6-6　牛耳标编码示意

家畜耳标佩带

（一）佩带时间

新出生家畜，猪、羊在出生后 30 天内加施家畜耳标，牛在出生后90天（断奶前）内加施家畜耳标；30天内离开饲养地的，在离开饲养地前加施；从国外引进的家畜，在到达目的地10日内加施。家畜耳标严重磨损、破损、脱落后，应当及时重新加施，并在养殖档案中记录新耳标编码。首次加施标识应在家畜的左耳中部，再次加施时在右耳中部。

（二）佩带工具和佩带位置

1. 佩带工具。耳标佩带工具使用耳标钳，耳标钳由家畜耳标生产企业提供，并与本企业提供的家畜耳标规格相配备。

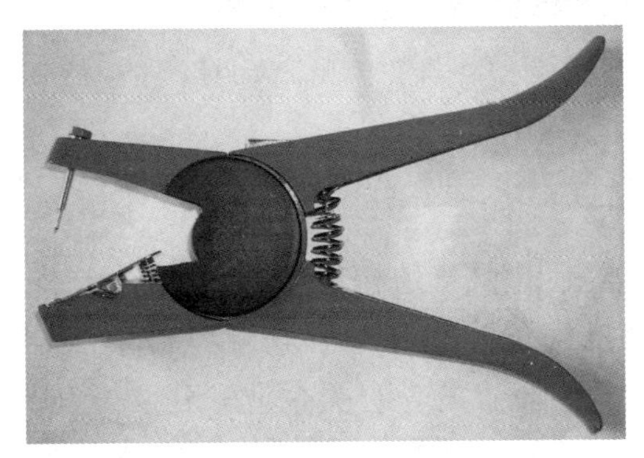

图6-7　耳标钳

2. 佩带位置。首次在左耳中部加施，需要再次加施的，在右耳中部加施。

（三）佩带方法

1. 消毒。佩带家畜耳标之前，应对耳标、耳标钳、动物佩带部位要进行严格的消毒。

2. 佩带操作。用耳标钳将主耳标头穿透动物耳部，插入辅标锁扣内，固定牢固，耳标颈长度和穿透的耳部厚度适宜。主耳标佩带于耳朵的外侧，辅耳标佩带于耳朵的内侧。

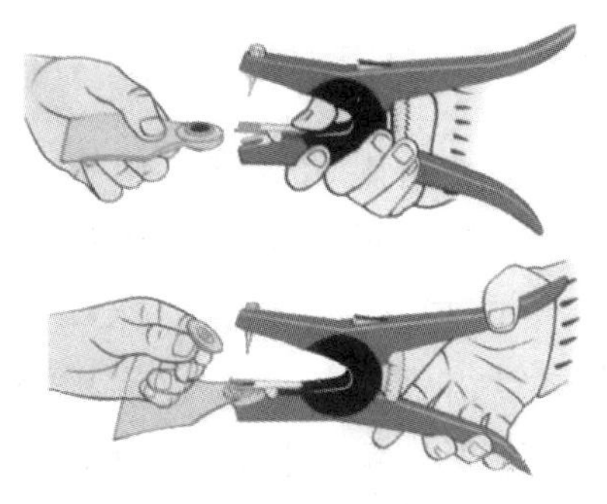

图6-8　耳标佩带操作

图 6-9　佩戴的耳标

家畜耳标信息登记、录入与上传

信息化是畜禽标识和养殖档案管理的必然要求和发展趋势，自2004年起农业部疫病预防控制中心联合设备生产厂家、耳标生产厂家、中国移动通讯有限公司等有关企业，建立全国统一数字化标识、采用便携式识读设备采集数据，通过GPRS无线网络传输数据，采用中央集中式存储数据，采用统一的机打检疫证明等，对畜禽标识和养殖档案实施信息化管理，从而实现了畜禽及畜禽产品的可追溯。

（一）耳标信息登记

防疫人员对家畜所佩带的耳标信息进行登记，造户成册。

（二）耳标信息录入

移动智能识读器是信息录入的工具，便于携带和操作，能识读标识二维码，可连接打印机打印检疫证明，能传输数据到服务器。操作时，通过摄像头采集耳标标识二维码的图像，并通过内部CPU的复杂运算得到同耳标上数字相同的耳标编号。大大减少兽医人员手工登记档案工作量，提高了数据采集的真实性和准确度，加强了兽医人员对业务信息的管理，并提高兽医管理部门业务数据集中、统计的能力。

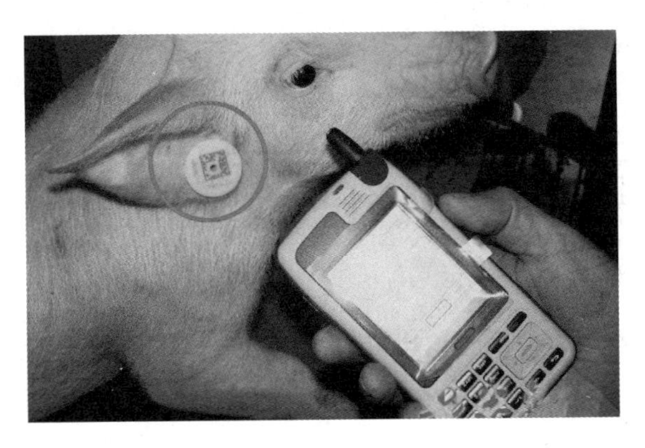

图 6-10　移动智能识读器扫描猪耳标信息

（三）耳标数据传输和存储

采用无线 GPRS 网络，将全国各地乃至偏远地区的乡村防疫、检疫、监督工作人员采集的数据传输到国家畜禽标识信息数据库和省级畜禽标识信息数据库。如果牲畜及其产品出现问题，根据动物佩戴标识查看动物所接种的疫苗信息，可以及时调阅数据库存储。从而立即利用追溯体系追查到牲畜的产地、饲养者、防检疫责任人，追查到牲畜及其产品的流动路线。提高动物疫病防控的准确度和及时性，赢得了疫病防控的最佳时机，实现畜产品安全事件的快速追踪和责任人追查，提高了动物疫病防控的效果。

家畜耳标的回收与销毁

（一）家畜耳标回收

猪、牛、羊加施的牲畜耳标在屠宰环节由屠宰企业剪断收回，交当地动物卫生监督机构，回收的耳标不得重复使用。

（二）家畜耳标销毁

回收的牲畜耳标由县级动物卫生监督机构统一组织销毁，并作好销毁记录。

（三）检查

县级以上动物卫生监督机构负责牲畜饲养、出售、运输、屠宰环节牲畜耳标的监督检查。

（四）记录

各级动物疫病预防控制机构应做好牲畜耳标的订购、发放、使用等情况的登记工作。各级动物卫生监督机构应做好牲畜耳标的回收、销毁等情况的登记工作。

2 免疫档案建立

动物免疫档案是指《动物免疫证》和《动物防疫档案》，必须用钢笔或圆珠笔填写，字体工整、清楚，不准涂改转借，并由动物防疫监督机构统一发放并管理。

《动物免疫证》填写

《动物免疫证》的填写包括以下内容：

编号：以乡镇为单位自行编号，可事先用滚动号码章盖好。

畜禽主：必须与身份证姓名相同。

动物种类：应当填写猪、鸡、牛、羊等动物名称，种（乳）用应注明。

耳标编号：与动物实际佩带的耳标号码相符。

年（月日）龄：饲养期长的动物按实际年龄填写，饲养期短的按日龄填写。

地址：按××乡（镇）××村的格式填写。

发证单位：加盖发证单位公章。

发证日期：按照首次免疫的实际日期填写。

免疫项目：填写所免疫的疫病名称，如：猪瘟、新城疫等。

免疫日期：应当与进行的免疫项目对应填写，填写实际免疫的日期。

疫苗名称：应与免疫项目中所填的病种相对应，同时注明是冻干苗还是油佐剂苗。

疫苗批号及厂家：应当与所使用的疫苗瓶签标明的批号及生产厂家相对应。

防疫员签字：应当遵循谁免疫谁签字的原则。

动物免疫证

编　号

畜　主

地　址

发证单位(章)

发证日期　　年　月　日

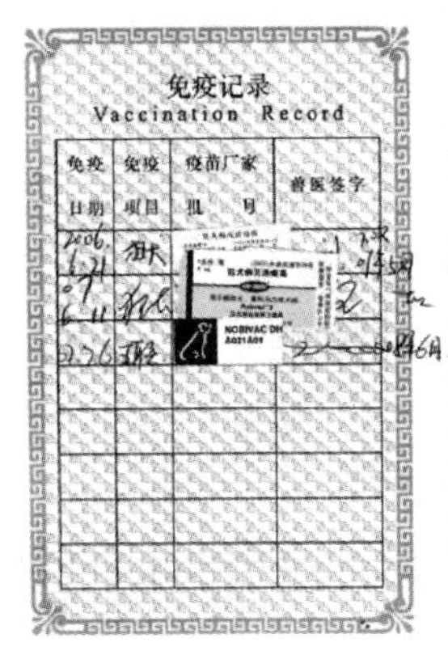

免疫记录
Vaccination Record

免疫日期	免疫项目	疫苗厂家批号	兽医签字

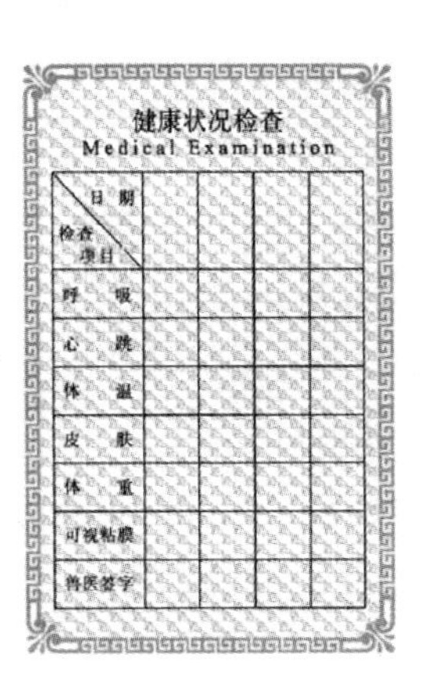

健康状况检查
Medical Examination

日期 / 检查项目				
呼吸				
心跳				
体温				
皮肤				
体重				
可视粘膜				
兽医签字				

图 6-11 《动物免疫证》样式

《动物防疫档案》填写

每个县（区）必须统一使用动物卫生监督所监制的档案。《散养户档案》应当遵循“一村一档，一户一页”的原则填写。同畜种同批次免疫的动物填一格，不同畜种、不同批次免疫的动物分别填写，耳标号码应当连续填写或者是逐个填写（填不下的可在下面相邻的一行占用其他项目的位置），动物免疫记录表中其他所列的项目，参考《动物免疫证》的填写规范中所对应的项目填写。

规模养殖场（小区）档案的填写按农业部统一印刷的格式填写。各项目填写要求如下：

（1）动物饲养场布局图：要按照图中所指的方向如实标出饲养区、办公区、隔离墙、消毒室、诊疗室、化验室、兽药房、消毒池、无害化处理设施等所在的位置。

（2）动物饲养场基本情况表：填写本场饲养动物的进出栏情况，每月一登记，内容包括：动物饲养场所引进或自繁动物的批次、品种、数量及检疫情况。

（3）动物免疫程序：填写根据当地疫病流行情况，结合本场实际情况制定的科学合理的免疫程序，但国家规定的强制免疫的病种必须列在其内。

（4）动物免疫记录表：日期、日龄、品种及数量、疫苗名称、批次、生产厂家及销售单位，免疫人签字可参照《动物免疫证》的填写，免疫证号、免疫耳标号必须与动物实际佩带的耳标号一致，免疫方式应填写注射、饮水、口服、喷雾、滴鼻、点眼等方法，剂量应注明毫升、头份或国际单位等。

（5）疫情及免疫抗体监测情况：此表适用于免疫后进行常规抗体检测时填写。监测单位应填写动物防疫监督机构的化验室或本场化验室，监测方法填写实际使用的监测方法，结果填写抗体保护率，要与化验单结果相符，阳性处理情况填写扑杀、焚烧、深埋或化制等方法。

（6）消毒记录表：应填写常规消毒或简述非常规消毒的原因，消毒方式应填写熏蒸、喷雾、火焰、发酵等方法。消毒面积应注明消毒单位，如：平方米或立方米。

（7）药物使用记录表：用药方式应填写注射、口服、直肠灌注、输液、拌料等，用药原因填写预防用药、群体治疗用药（注明病种），效果应填写无效、有效、效果显著等，此表只适用于群体用药。

（8）动物疫病诊治记录表：病症填写时应使用规范的名词表述，诊断结果填写所诊断的病名及病症严重程度，治疗处理方案应根据处方所用药物及剂量填写。

（9）动物疫情情况及采取的措施表：症状及临床诊断参考《动物疫病诊治记录表》填写，处理情况参考《疫情及免疫抗体监测情况》填写。

（10）动物疫情处理档案：参考《动物疫情情况及采取的措施表》

填写。

参考文献

李亚林，何成武，等.2009. 村级动物防疫员实用技术手册. 北京：中国农业大学出版社.

刘耀兴，等.2009. 村级动物防疫员手册. 南京：江苏科学技术出版社.

张洪让，唐顺其.2010. 动物防疫检疫操作技能. 北京：中国农业出版社.

单元自测

1. 什么是畜禽标识?
2. 猪、牛、羊耳标分别是什么颜色?
3. 家畜耳标的组成及结构是什么?
4. 家畜耳标一般在什么时间佩戴?
5. 简述家畜耳标的回收与销毁。

技能训练指导

佩带家畜耳标

(一) 材料和对象

材料：猪、牛、羊三种耳标，耳标钳，碘酊，消毒酒精，棉球。

受试动物：猪、牛、羊等。

(二) 训练目的

识别不同动物的耳标，掌握家畜耳标的佩戴方法。

(三) 操作方法

(1) 分别指出猪、牛、羊各自使用的耳标。

(2) 佩带位置选择：首次在左耳中部加施，需要再次加施的，在右耳中部加施。

(3) 消毒：佩带家畜耳标之前，用酒精棉球分别将耳标和耳标钳进行消毒，动物佩带部位用碘酊和酒精进行消毒。

(4) 佩带方法：用耳标钳将主耳标头穿透动物耳部，插入辅标锁扣内，固定牢固，耳标颈长度和穿透的耳部厚度适宜。主耳标佩带于耳朵的外侧，辅耳标佩带于耳朵的内侧。

学习笔记

1 消毒

消毒方法

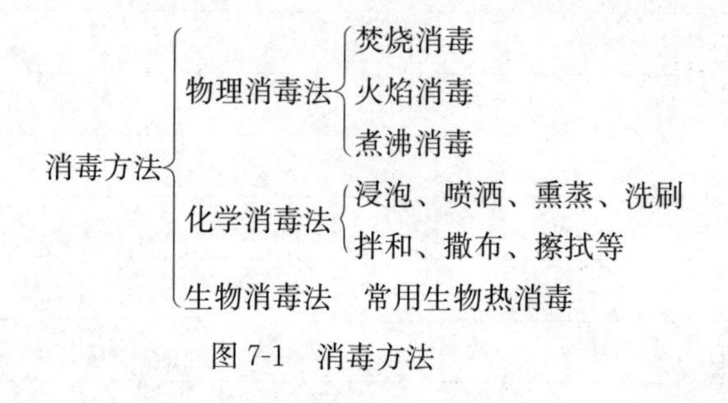

图 7-1 消毒方法

（一）物理消毒

物理消毒法是利用物理因素杀灭或清除病原微生物或其他有害微生物的方法。村级动物防疫员常用的物理消毒方法有煮沸消毒、焚烧消毒、火焰消毒等。

1. 焚烧消毒。以直接点燃或在焚烧炉内焚烧的消毒方法。主要是用于传染病流行区的病死动物、尸体、垫料、污染物品等的消毒处理。

2. 火焰消毒。以火焰直接烧灼杀死病原微生物的方法，它能很快杀死所有病原微生物，是一种消毒效果非常好的消毒方法。通常使用火焰喷灯、火焰消毒机等。常用于畜舍水泥地面、金属栏和笼具等耐烧物品的消毒。

3. 煮沸消毒。大部分无芽孢病原微生物在100℃的沸水中迅速死亡。各种金属、木质、玻璃用具、衣物等都可以进行煮沸消毒。蒸汽消毒与煮沸消毒的效果相似，在农村一般利用铁锅和蒸笼进行。

（二）化学消毒

应用各种化学药物抑制或杀灭病原微生物的方法。是最常用的消毒法，也是消毒工作的主要内容。常用化学消毒方法有洗刷、浸泡、喷洒、熏蒸、拌和、撒布、擦拭等。

在消毒时要根据消毒对象和消毒目的不同而采取不同的方法。

1. 刷洗。用刷子蘸消毒液刷洗饲槽、饮水槽等设备、用具等。

2. 浸泡。将需消毒的物品浸泡在一定浓度的消毒药液中，浸泡一定时间后再拿出来。如将各种器具、饮水器等浸泡在0.5%～1%新洁尔灭中消毒。

3. 喷洒。将消毒药配制成一定浓度的溶液（消毒液必须充分溶解并进行过滤，以免药液中不溶性颗粒堵塞喷头，影响喷洒消毒），用喷雾器或喷壶对需要消毒的对象（畜舍、墙面、地面、道路等）进行喷洒消毒。

4. 熏蒸。常用福尔马林配合高锰酸钾进行熏蒸消毒。此方法的优点是消毒较全面，省工省力，但要求动物舍能够密闭，消毒后有较浓的刺激气味，动物舍不能立即使用。

5. 拌和。在对粪便、垃圾等污染物进行消毒时，可用粉剂型消毒药品与其拌和均匀，堆放一定时间，可达到良好的消毒目的。如将漂白粉与粪便以1∶5的比例拌和均匀，进行粪便消毒。

6. 撒布。将粉剂型消毒药品均匀地撒布在消毒对象表面。如用生石灰撒布在阴湿地面、粪池周围及污水沟等处进行消毒。

（三）生物消毒

目前常用的是生物热消毒法。生物热消毒法是利用微生物发酵产热以达到消毒目的的一种消毒方法，常用的有发酵池法、堆粪法等，主要用于粪便、垫料等的消毒。

图 7-2　堆粪法消毒粪便

根据消毒的具体目的，消毒的种类可分为以下三种：

1. 预防性消毒。为了预防传染病和寄生虫病的发生，平时对畜禽舍、场地、环境、人员、车辆、用具和饮水、饲料等所进行的消毒。预防性消毒应定期地、反复地进行。

2. 随时消毒。又称紧急防疫消毒。在发生传染病时，为了及时消灭从患病动物体内排出的病原体而采取的应急性消毒措施。消毒的对象包括病畜所在的圈舍、隔离场地以及被病畜分泌物、排泄物污染和可能污染的一切场所、用具和物品等。随时消毒应及时进行，通常要进行多次消毒。

3. 终末消毒。在病畜解除隔离前或痊愈或死亡后，或者在疫区解除封锁之前，为了消灭疫区内可能残留的病原体，对疫区所进行的全面彻底的最后一次大消毒。终末消毒的特点是全面彻底。终末消毒后，即可恢复正常的生产和工作程序。

常用消毒药物

（一）甲醛

甲醛是一种广谱杀菌剂，对细菌、真菌和病毒均有效。浓度为35%～40%的甲醛溶液称为福尔马林。

1. 用于室内、器具的熏蒸消毒。密闭的圈舍按每立方米7～21克高锰酸钾加入14～42毫升福尔马林。室温一般不应低于15℃。相对湿度60%～80%。作用时间7小时以上。

2. 用于地面消毒。浓度为2%甲醛的水溶液，用于地面消毒，每100米^{2}用量为13毫升。

（二）含氯消毒剂

无机氯如漂白粉、次氯酸钠、次氯酸钙等，有机氯如二氯异氰尿酸钠、三氯异氰尿酸、氯胺等。

1. 漂白粉。主要用于圈舍、饲槽、用具、车辆的消毒。一般使用浓度为5%～20%混悬液喷洒，有时可撒布其干燥粉末。饮水消毒每升水中加入0.3～1.5克漂白粉，可起杀菌除臭作用。

温馨提示

漂白粉使用注意事项

- 漂白粉现用现配，贮存久了有效氯的含量逐渐降低。
- 不能用于有色棉织品和金属用具的消毒。
- 不可与易燃、易爆物品放在一起，应密闭保存于阴凉干燥处。
- 漂白粉有轻微毒性，使用浓溶液时应注意人畜安全。

2. 二氯异氰尿酸钠。是一种广谱消毒剂，对细菌繁殖体、病毒、真菌孢子和细菌芽孢都有较强的杀灭作用。

（三）醇类消毒剂

醇类消毒剂常用于皮肤、针头、体温计等消毒，用作溶媒时，可增强某些非挥发性消毒剂的杀微生物作用。70%乙醇可杀灭细菌繁殖体，80%乙醇可降低肝炎病毒的传染性。醇类消毒剂为易燃品，不可接近火源。

（四）酚类消毒剂

酚类消毒剂包括六氯酚、煤酚皂等，主要用于畜舍、笼具、场地、车辆消毒。一般使用浓度为0.35%～1%的水溶液，严重污染的环境可适当加大浓度，增加喷洒次数。酚类消毒剂为有机酸，禁止与碱性药物混合。

（五）过氧化物类

过氧化物类有过氧化氢、环氧乙烷、过氧乙酸、二氧化氯、臭氧等，其理化性质不稳定，但消毒后不留残毒是其优点。

1. 环氧乙烷。常用于大宗皮毛的熏蒸消毒。常用消毒浓度为400～800毫克/米^3。环氧乙烷易燃、易爆，对人有一定的毒性，需小心使用。气温低于15℃时，环氧乙烷不起作用。

2. 过氧乙酸。可用于除金属制品外的各种物品消毒。可用0.5%水溶液喷洒消毒畜舍、饲槽、车辆等；0.04%～0.2%水溶液可用于塑料、玻璃、搪瓷和橡胶制品的短时间浸泡消毒；5%水溶液2.5毫升/米^{3}喷雾消毒密闭的实验室、无菌间、仓库等；0.3%水溶液30毫升/米^{3}喷雾，可作10日龄以上雏鸡的带鸡消毒。

市售过氧乙酸成品40%的水溶液性质不稳定，须避光低温保存。现用现配。

（六）双胍类化合物

双胍类化合物如洗必泰，0.05%～0.1%可用作口腔、伤口防腐剂；0.5%洗必泰乙醇溶液可增强其杀菌效果，用于皮肤消毒；0.1%～4%洗必泰溶液可用于手臂消毒。

（七）含碘消毒剂

含碘消毒剂常用于皮肤消毒。2%的碘酊、0.2%～0.5%的碘伏常用于皮肤消毒；0.05%～0.1%的碘伏作伤口、口腔消毒；0.02%～0.05%的碘伏用于阴道冲洗消毒。

（八）高锰酸钾

高锰酸钾为强氧化剂，常用于伤口和体表消毒。0.01%～0.02%溶液可用于冲洗伤口；福尔马林加高锰酸钾用作甲醛熏蒸，用于物体表面消毒。

（九）烧碱

烧碱主要用于圈舍、饲槽、用具、运输工具等的消毒。1%～2%的水溶液用于圈舍、饲槽、用具、运输工具的消毒；3%～5%的水溶液用于炭疽芽孢污染场地的消毒。

烧碱对金属物品有腐蚀作用，消毒完毕应用水冲洗干净。烧碱对皮肤、被毛、黏膜、衣物有强腐蚀和损坏作用，注意个人防护。用烧碱对畜禽圈舍和食具消毒时，须空圈，间隔半天用水冲洗地面、饲槽后方可让其入舍。

（十）草木灰水

草木灰水主要用于畜禽圈舍、运动场、墙壁及食槽的消毒。效果同1%～2%的烧碱。使用温度为50～60℃。

选择消毒剂的原则

在消毒过程中，并非是消毒剂越贵效果就越好，也不能贪图便宜，不分情况乱用、滥用消毒剂，而是根据养殖场实际需求合理选用消毒剂。

（一）根据消毒的对象、物品选择消毒剂

同样的消毒方法对不同性质的物品消毒效果往并不同。在消毒时要根据具体情况灵活运用。例如物体表面可机械清除、喷雾，而触及不到的表面可用熏蒸和浸泡的方法。畜禽生产场所包括孵化室（家禽）、产子舍（家畜）、养殖舍、饲料仓库及畜禽产品加工线等，消毒的环境情况复杂，对消毒方法的选择及效果的影响也是多方面的。对于房库密闭性好的，可以选用熏蒸消毒；密闭性差的最好用喷雾消毒进行处理。物品表面消毒时，耐腐蚀的物品用喷洒的方法；而易腐蚀的物品则要用无腐蚀或低腐蚀的化学消毒剂擦拭的方法消毒。同时要根据现场污染状况，采用清除、冲洗、消毒剂、焚烧、火焰烧烤消毒等各种消毒方法和综合手段。

（二）根据消毒杀灭对象选择消毒剂

各种病原微生物对消毒剂的抵抗力不同，所以要有针对性地选择消毒方法。对于一般细菌繁殖体、亲脂性病毒、螺旋体、支原体、衣原体和立克次氏体等，可用煮沸消毒或低效消毒剂等常规消毒方法；对于结核杆菌、真菌等耐受力较强的微生物，可选择中效消毒剂与加热消毒方法；对于抵抗力很强的细菌芽孢需采用加热、辐射及高效消毒剂的方法，如过氧化物类、醛类与环氧乙烷等。另外，真菌孢子对紫外线抵抗力强，而季铵盐类消毒剂对肠道病毒作用弱，因此使用时要注意认真选择，合理利用。

（三）根据防疫要求选择消毒剂

在发生传染病的重点地区或养殖场，要根据疫病流行情况和防疫要求，针对性地选择合适有效的消毒方法，加大消毒剂量及消毒频次，以提高消毒质量和效率。如通过气源性传播的疫病，应采用熏蒸和喷雾消毒法，而机械传播的疫病则应该注意车辆、饮水器和其他器具的浸泡和喷洒消毒。

消毒技术

（一）医疗器械消毒

1. 煮沸消毒。这是一种简单最常用的方法。消毒前将要消毒的器械和物品（耐煮沸的物品）洗净，分类包好，并做标记，放在煮沸消毒锅内或其他容器内煮沸，水沸后保持15～30分钟。此法适用于各种外科器械、缝合丝线等。消毒好的器械按分类有秩序放在预先灭过菌的有盖盘（或盒）内。

金属注射器消毒时，应拧松固定螺丝，抽出活塞，取出玻璃管，并用纱布包裹，进行煮沸消毒。玻璃注射器消毒时，应将针筒、针芯分开，用纱布包好，进行煮沸消毒。

2. 高压蒸汽灭菌法。各种器械、敷料、工作衣帽的消毒多采用此法。

小常识

手提高压蒸汽灭菌器

（一）使用方法

1. 放置待灭菌的物品。将待灭菌的物品予以妥善包扎，放入灭菌桶容器内，各包之间应留有间隙，按顺序堆放在灭菌桶的筛板上，这样可有利于蒸汽的穿透，提高灭菌效果。

2. 加水。在主体内加入适量清水，使水位一定要超过电热管，连续使用时，必须在每次灭菌前补足上述水量，以免干热使电热管烧坏。

3. 密封。将放置好物品的灭菌桶放在主体内，然后把盖上的放气软管插入灭菌桶内侧的半圆槽内，对正盖与主体的螺栓槽，顺序地将相应方位的翼形螺母予以均匀旋紧，使盖与主体密合。

4. 加热。 将灭菌器接上与铭牌标志电压一致的电源，在加热开始时打开排气阀，使冷空气随着加热由桶内逸出，待有较急的蒸汽喷出时关闭排气阀。此时压力表指针会随着加热逐渐上升，指示出灭菌器内的压力。

5. 灭菌。 当压力到达 103.4 千帕、温度达到 121.3℃时，开始计算灭菌所需时间，并使之维持 15～20 分钟。

6. 取物。 灭菌时间到达后，停止加热，待压力降至零时才能开盖取物。

7. 干燥。 对于在灭菌后需要迅速干燥的物品，可在灭菌终了时将灭菌器内的蒸汽通过放气网子以迅速排出，待压力表指针回复至“0”位，再稍待 1～2 分钟，然后将盖打开继续加热 10～15 分钟，使物品上残留的水蒸气得到蒸发，随后将电源开关拨到“关”，停止加热。

8. 冷却。 在对液体灭菌时，当灭菌时间终了时，切勿立即将灭菌器内的蒸汽予以排出，否则，由于液体的温度未能迅速下降，而压力蒸汽突然释放，会使液体剧烈沸腾造成溢出或容器爆裂等危险事故，所以在灭菌终了时必须将电源开关拨至“关”，停止加热，待其冷却直至压力指针回复至“零”位，再待数分钟后，打开放气阀，排去余气后，才能将盖开启。

（二）注意事项

（1）在开始加热时，打开排气阀。使桶内的冷空气随着加热逸出，否则达不到预期的灭菌效果。

（2）对不同类型、不同灭菌要求的物品，切勿放在一起灭菌。

（3）螺旋必须均匀旋紧，使盖紧闭，以免漏气。

（4）放入器内的待灭菌物品不可排压过紧，以免影响蒸汽流通，影响灭菌效果。

（5）为了保证灭菌效果，灭菌时间和压力必须准确，操作人员不得擅自离开。

(6) 灭菌终了时，若压力表指针已恢复零位，而盖不易开启时，打开排气阀，使外界气进入灭菌器内，真空消除后盖即可开启。

(7) 压力表使用日久后，压力表指示不正常或者不能恢复零位时，应及时予以检修，平时定期与标准压力表相对照，若不正常，应换上新表。

(8) 橡胶密封垫圈使用日久会老化，应定期更换。

3. 药物消毒。医疗器械使用后，先洗刷干净，然后浸泡在消毒液中，浸泡时间长短，可依据污染情况而定。常用消毒液有75%酒精、0.1%新洁尔灭等。

（二）畜禽圈舍消毒

1. 空舍消毒。一般分以下五个步骤进行：

（1）清扫。首先清扫畜禽舍棚顶、墙壁，再清扫饲槽、水槽、网床、围栏、笼架等，最后再清扫地面。清扫一定要彻底、全面，不留死角。

（2）冲洗和洗刷。清扫后用高压水枪冲洗棚顶、墙壁、笼、栏、设备、用具、地面，洗刷台内食槽、水槽、笼、栏、门窗和粪槽（沟）等设施和用具。

（3）灼烧。用火焰喷灯对畜禽舍的水泥地面、耐火的饲养设备（栏、笼等）等进行灼烧消毒。但不要喷烧过久，以免将被消毒物品烧坏，喷烧要按一定的顺序进行，以免发生遗漏。另外要特别注意防火。

用品准备：火焰喷灯、火焰消毒机等，工作服、口罩、帽子、手套等。

操作步骤：①清扫畜舍水泥地面、金属栏和笼具等等耐烧物品上面的污物。②仔细检查火焰喷灯或火焰消毒机，添加燃油。③按一定顺序，用火焰喷灯或火焰消毒机进行火焰消毒。

（4）喷洒消毒药。经清扫、冲洗、洗刷干净后，依据病原微生物

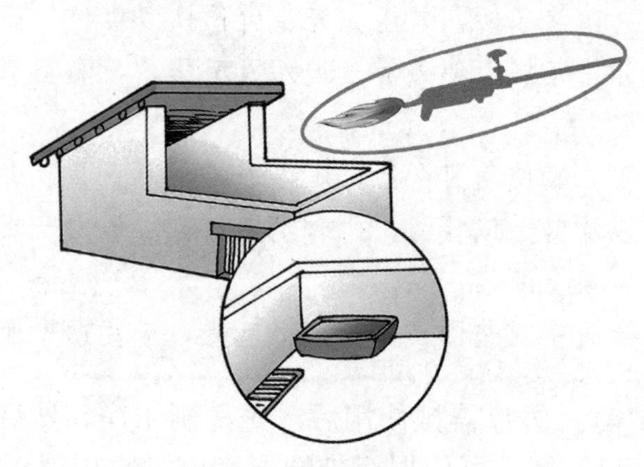

图 7-3 空舍灼烧消毒

的抵抗力选择有效消毒药配制成消毒药液，对畜禽舍的顶棚、墙壁、地面、粪槽、饲养设备和用具等喷洒消毒。

动物舍喷洒消毒一般以“先里后外、先上后下”的顺序喷洒为宜，即先对动物舍的最里头、最上面（顶棚或天花板）喷洒，然后再对墙壁、设备和地面仔细喷洒，边喷边退；从里到外逐渐退至门口。喷洒消毒用药量视消毒对象结构和性质适当掌握。水泥地面、顶棚、砖混墙壁等，每平方米用药量控制在 800 毫升左右；土地面、上墙或砖土结构等，每平方米用药量1 000～1 200毫升；舍内设备每平方米用药量 200～400 毫升。

图 7-4 空舍喷洒消毒

（5）熏蒸。密闭门窗，用福尔马林和高锰酸钾或过氧乙酸等消毒液进行熏蒸消毒。

图 7-5　空舍熏蒸消毒

2. 带动物舍的消毒。

（1）畜禽舍门口设消毒池（槽）和洗手盆，内盛消毒药，每周至少更换一次。进入动物舍的人员应脚踏入消毒池，用消毒液洗手后方可进入。

（2）定期清扫、冲洗、消防粪便、污物等，保持舍内卫生清洁；定期通风换气，保持空气新鲜。

（3）每天或隔 2～3 天，用高效低毒的消毒药按带畜禽消毒浓度洗刷水槽、料槽和喷洒地面、墙壁、动物体表等。

图 7-6　动物舍喷洒消毒

（三）粪便污物消毒

1. 掩埋法。此种方法简单易行，但缺点是粪便和污物中的病原微生物可渗入地下水，污染水源，并且损失肥料。适合干粪且较少，且不含细菌芽孢。

图 7-7　粪便掩埋消毒

（1）操作步骤。①消毒前准备。漂白粉或新鲜的生石灰，高筒靴、防护服、口罩、橡皮手套，铁锹等。②混匀。将粪便与漂白粉或新鲜的生石灰混合均匀。③深埋。混合后深埋在地下 2 米左右之处。

（2）注意事项：①掩埋地点应选择远离学校、公共场所、居民住宅区、村庄、饮用水源地、河流等。②应选择地势高燥、地下水位较低的地方。

2. 焚烧法。此法是消灭一切病原微生物最有效的方法，故用于消毒最危险的传染病畜粪便（如炭疽、牛瘟等）。该方法的缺点是：需要用很多燃料，并损失有用的肥料。

（1）操作步骤。①消毒前准备。燃料，高筒靴、防护服、口罩、橡皮手套，铁锹、铁梁等。②挖坑。坑宽 75～100 厘米，深 75 厘米，长以粪便多少而定。③焚烧。在距壕底 40～50 厘米处加一层铁梁（铁梁密度以不使粪便漏下为度），铁梁下放燃料，梁上放欲消毒粪便。如粪便太湿，可混一些干草，以便烧毁。

（2）注意事项。①焚烧产生的烟气应采取有效的净化措施，防止一氧化碳、烟尘、恶臭等对周围大气环境的污染。②焚烧时应注意安全，防止火灾。

图 7-8 粪便焚烧消毒

（四）空气消毒

1. 物理消毒法。有通风和紫外线照射两种方法。通风可减少室内空气中微生物的数量，但不能杀死微生物。

紫外线照射可杀灭空气中的病原微生物，操作步骤如下：

（1）消毒前准备。紫外线灯一般于空间 6～15 米^{3}安装一只，灯管距地面 2.5～3 米为宜，紫外线灯于室内温度 10～15℃，相对湿度 40％～60％的环境中使用杀菌效果最佳。

（2）将电源线正确接入电源，合上开关。

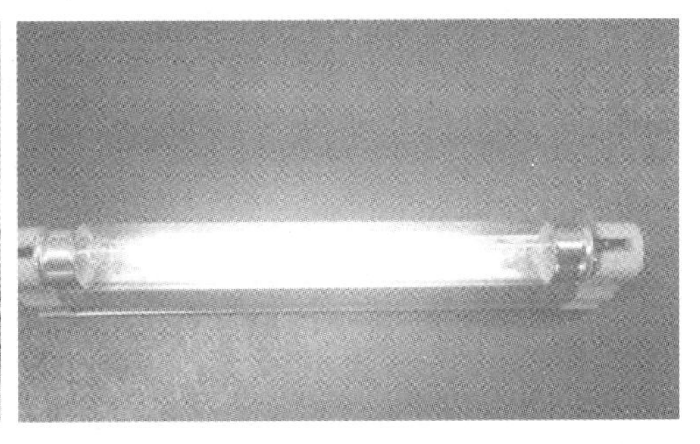

图 7-9 紫外线照射消毒

（3）照射的时间应不少于 30 分钟。否则杀菌效果不佳或无效，达不到消毒的目的。

（4）操作人员进入洁净区时应提前 10 分钟关掉紫外灯。

温馨提示

紫外线照射消毒注意事项

（1）紫外线对不同的微生物有不同的致死剂量，消毒时应根据微生物的种类而选择适宜的照射时间。

（2）在固定光源情况下，被照物体越远，效果越差，因此应根据被照面积、距离等因素安装紫外线灯（一般距离被消毒物 2 米左右）。

（3）紫外线对眼结膜及视神经有损伤作用，对皮肤有刺激作用，所以人员应避免在紫外灯下工作，必要时需穿防护工作衣帽，并戴有色眼镜进行工作。

（4）房间内存放着药物或原辅包装材料，而紫外灯开启后对其有影响和房间内有操作人员进行操作时，此房间不得开启紫外灯。

（5）紫外灯管的清洁，应用毛巾蘸取无水乙醇擦拭其灯管，并不得用手直接接触灯管表面。

（6）紫外灯的杀菌强度会随着使用时间逐渐衰减，故应在其杀菌强度降至 70%后，及时更换紫外灯，也就是紫外灯使用 1400 小时后更换紫外灯。

2. 化学消毒法。有喷雾和熏蒸两种方法。用于空气化学消毒的化学药品需具有迅速杀灭病原微生物、易溶于水、沸点低等特点，如常用的甲醛、过氧乙酸等，当进行加热，便迅速挥发为气体，其气体具有杀菌作用，可杀灭空气中的病原微生物。

（1）熏蒸消毒。消毒药品：福尔马林、高锰酸钾粉、固体甲醛、烟熏百斯特、过氧乙酸等。器材：温度计、湿度计、加热容器（电炉子）等。防护用品：防护服、口罩、手套、护目镜等。

操作方法：①先将需要熏蒸消毒的场所（畜禽舍、孵化器等）彻底清扫、冲洗干净。有机物的存在影响熏蒸消毒效果。②将盛装消毒剂的容器均匀的摆放在要消毒的场所内，如动物舍长度超过 50 米，应每隔 20 米放一个容器。所使用的容器必须是耐燃烧的，通常用陶瓷或搪瓷制品。③关闭所有门窗、排气孔。④根据消毒空间大小，计算消毒药用量，进行熏蒸。

图 7-10　熏蒸消毒

固体甲醛熏蒸按每立方米 3.5 克用量，置于耐烧容器内，放在热源上加热，当温度达到 20℃时即可挥发出甲醛气体。

烟熏百斯特熏蒸每套（主剂＋副剂）可熏蒸 120～160 米^3。主剂＋副剂混匀，置于耐烧容器内，点燃。

高锰酸钾与福尔马林混合熏蒸进行畜禽空舍熏蒸消毒时，一般每立方米用福尔马林 14～42 毫升、高锰酸钾 7～21 克、水 7～21 毫升，熏蒸消毒 7～24 小时。种蛋消毒时福尔马林 28 毫升、高锰酸钾 14 克、水 14 毫升，熏蒸消毒 20 分钟。杀灭芽孢时每立方米需福尔马林 50 毫升。如果反应完全，则只剩下褐色干燥粉渣；如果残渣潮湿说明高锰酸钾用量不足；如果残渣呈紫色说明高锰酸钾加得太多。

过氧乙酸熏蒸使用浓度为 3%～5%，每立方米用 2.5 毫升，在相对湿度 60%～80%条件下，熏蒸 1～2 小时。

温馨提示

熏蒸消毒注意事项

（1）在消毒时，消毒人员要戴好口罩、护目镜，穿好防护服，防止消毒液损伤皮肤和黏膜，刺激眼睛。

（2）甲醛熏蒸消毒必须有适宜的温度和相对湿度，温度18～25℃较为适宜；相对湿度 60%～80%较为适宜。室温不能低于15℃，相对湿度不能低于 50%。

（3）如消毒结束后甲醛气味过浓，若想快速清除甲醛的刺激性，可用浓氨水（2～5 毫升/米^3）加热蒸发以中和甲醛。

（4）用甲醛熏蒸消毒时，使用的容器容积应比甲醛溶液大 10 倍。

（5）用甲醇熏蒸消毒时，必须先放高锰酸钾，后加甲醛溶液，加入后人员要迅速离开。

（6）过氧乙酸性质不稳定，容易自然分解，因此，消毒时应现用现配。

（2）喷雾消毒。利用气泵将空气压缩，然后通过气雾发生器，使稀释的消毒剂形成一定大小的雾化粒子，均匀地悬浮于空气中，或均匀地覆盖于被消毒物体表面，达到消毒目的。

喷雾器有两种，一种是手动喷雾器，一种是机动喷雾器。手动喷雾器又有背携式、手压式两种，常用于小面积消毒。机动喷雾器常用于大面积消毒。

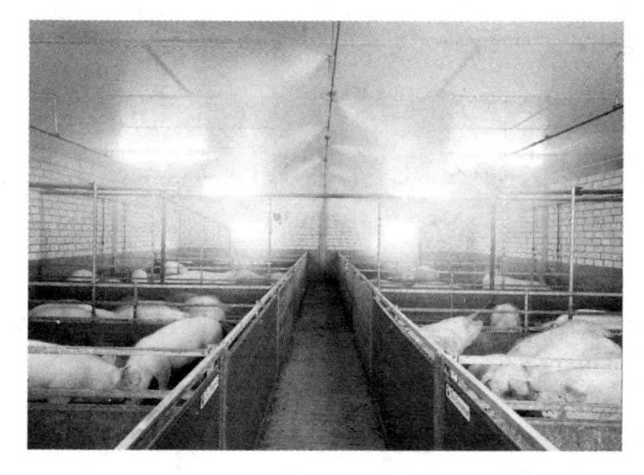

图 7-11　机动喷雾消毒

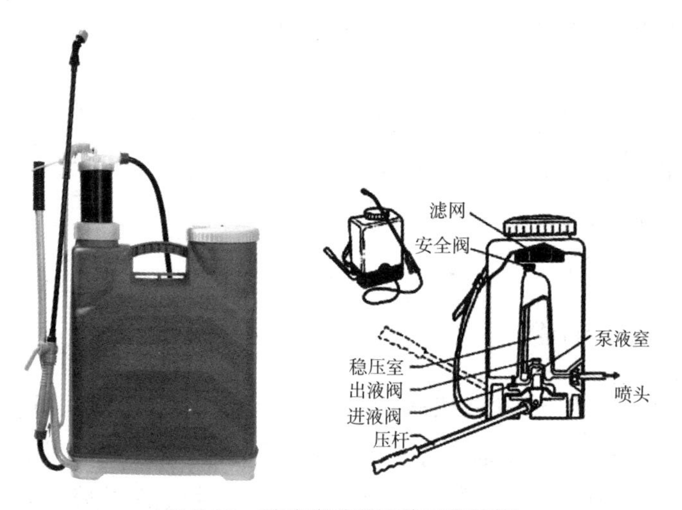

图 7-12　手动喷雾器及其工作原理

温馨提示

喷雾消毒注意事项

（1）装药时，消毒剂中的不溶性杂质和沉渣不能进入喷雾器，以免在喷洒过程中出现喷头堵塞现象。

（2）药物不能装得太满，以八成为宜，否则，不易打气或造成筒身爆裂。

（3）气雾消毒效果的好坏与雾滴粒子大小以及雾滴均匀度密

切相关。喷出的雾粒直径应控制在80～120微米，过大易造成喷雾不均匀和禽舍太潮湿，且在空中下降速度太快，与空气中的病原微生物、尘埃接触不充分，起不到消毒空气的作用；雾粒太小则易被畜禽吸入肺泡，诱发呼吸道疾病。

（4）喷雾时，房舍应密闭，关闭门、窗和通风口，减少空气流动。

（5）喷雾过程中要时时注意喷雾质量，发现问题或喷雾出现故障，应立即停止操作，进行校正或维修。

（6）使用者必须熟悉喷雾器的构造和性能，并按使用说明书操作。

（7）喷雾完后，要用清水清洗喷雾器，让喷雾器充分干燥后，包装保存好，注意防止腐蚀。不要用去污剂或消毒剂清洗容器内部。定期保养。

（五）污水消毒

污水中含有有害物质和病原微生物，如不经处理，任意排放，将污染江、河、湖、海和地下水，直接影响工业用水和城市居民生活用水的质量，甚至造成疫病传播，危害人、畜健康。污水消毒分为物理处理法、化学消毒法和生物处理法三种。村级动物防疫员需要掌握化学消毒法。

污水一般含有大量的菌类，特别是屠宰污水含有大量的病原菌，需经消毒药物处理后，方可排出。常用的方法是氯化消毒，将液态氯转变为气体，通入消毒池，可杀死99%以上的有害细菌。也可用漂白粉消毒，即每千升水中加有效氯0.5千克。

（六）芽孢杆菌污染场地（物）消毒

1. 消毒前的准备。器械：铁锹、扫帚、喷壶、高压枪或喷雾器、高压灭菌器等。消毒药品：含氯消毒剂乳液、20%漂白粉、6%次氯酸钙、2%过氧乙酸、二氯异氰尿酸钠（优氯净）、环氧乙烷等。防护用品：防护服、口罩、手套、护目镜等。

图 7-13 污水中加漂白粉消毒

2. 排泄物、污物消毒。 芽孢杆菌病畜的粪便、垫草、剩余饲料等污物应焚烧或用新配制的含氯消毒剂消毒，如 20%漂白粉、6%次氯酸钙等与污物按 2∶1 比例混合，作用 12 小时后再行处理。

3. 污染场地、用具、设施的消毒。 对芽孢杆菌污染的动物舍、场地、道路、用具、设施（笼、栏、水槽、食槽等）、运输工具等可用含氯消毒剂，如 20%漂白粉溶液、5%～10%二氯异氰尿酸钠（优氯净）；或氧化剂，如 2%过氧乙酸（8 毫升/米^2）或 10%氢氧化钠等喷洒或擦洗消毒。耐烧用具、设施可用火焰喷射或烧灼。

4. 工作服等物品的消毒。 可用高压蒸汽灭菌或用 1%苏打溶液煮沸 90 分钟消毒。

5. 污染水源的消毒。 芽孢杆菌污染的水源应停止使用，使用漂白粉消毒时有效氯浓度达 200 毫克/升，待检查不再存在芽孢杆菌后，方可恢复使用。

6. 污染土壤消毒。 患病动物污染的地面，应把表土挖去 10～20 厘米，取下的土应与 20%漂白粉溶液按 2∶1 比例混合后再进行深埋。

7. 污染动物舍的消毒。 污染动物舍应经清扫、冲洗、喷洒消毒药后再用甲醛熏蒸处理，按 50 毫升/米^3 甲醛熏蒸 24 小时。清扫出来的污物应焚烧。

8. 病尸的处理。 将病尸堵塞天然孔，用密闭、不泄漏的容器运送至指定地点焚烧、化制、销毁或深埋（深埋不得少于2米，尸体底部及上面应撒一厚层漂白粉。禁止解剖）。

温馨提示

芽孢杆菌污染场地（物）消毒注意事项

- 操作人员必须穿好防护服，防止自身感染。
- 应根据不同的消毒对象，选择相应的消毒药和消毒方法。
- 消毒药现用现配，必须保证使用效果。

疫点消毒

疫点消毒是指发生传染病后到解除封锁期间，为及时消灭传染源排出的病原体而进行的反复多次消毒。疫点消毒的对象包括患病动物及病原携带者的排泄物、分泌物及其污染的圈舍、用具、场地和物品等。

图7-14　疫点消毒

（一）制订消毒方案

明确疫点的具体消毒地点和范围，制订消毒计划、方法和步骤。

（二）物品准备

1. 消毒药品。 根据病原微生物的抵抗力、消毒对象特点，选择消毒剂种类。根据消毒面积大小，计算消毒药用量。配制消毒药溶液。

2. 消毒用具。 主要包括扫帚、铲子、锹、冲洗用水管等清洗工具，喷雾器、火焰喷射枪等消毒工具，防护服、口罩、胶靴、手套、护目镜等防护用品。

（三）消毒方法

1. 环境和道路消毒。

（1）清扫和冲洗，并将清扫出的污物，集中到指定的地点做焚烧、堆积发酵或混合消毒剂后深埋等无害化处理。

（2）喷洒消毒药液。

2. 动物圈舍消毒。

（1）彻底清扫动物舍顶棚、墙壁、地面等，彻底清除舍内的废弃物、粪便、垫料、残存的饲料等各种污物，并运送至指定地点做无害化处理。可移动的设备和用具搬出舍外，集中堆放到指定的地点用消毒剂清洗或洗刷。

（2）对动物舍的墙壁、顶棚、地面、笼具，特别是屋顶木梁横架等，进行冲刷。

（3）用火焰喷射器对鸡舍的墙裙、地面、笼具等不怕燃烧的物品进行火焰消毒。

（4）对顶棚、地面和墙壁等喷洒消毒药液。

（5）关闭门窗和风机，用福尔马林密闭熏蒸消毒 24 小时以上。

3. 病死动物无害化处理。

（1）病死、扑杀的动物装入不泄漏的容器中，密闭运至指定地点进行焚烧或深埋。

（2）病死或扑杀动物污染的场地认真进行清洗和消毒。

4. 用具、设备消毒。

（1）金属等耐烧设备用具，在清扫、洗刷后，用火焰灼烧等方式消毒。

（2）对不耐烧的笼具、饲槽、饮水器、栏等在清扫、洗刷后，用消毒剂刷洗、喷洒、浸泡、擦拭。

5. 交通工具消毒。

（1）出入疫点、疫区的交通要道设立临时检查消毒点，对出入人员、运输工具及有关物品进行消毒。

图 7-15　出入疫点消毒

（2）疫点、疫区内所有可能被污染的运载工具均应严格消毒，车辆的所有角落和缝隙都要用高压水枪进行清洗和喷洒消毒剂，不留死角。所产生的污水也要作无害化处理。

（3）车辆上所载的物品也要认真消毒。

6. 饲料和粪便消毒。饲料、垫料、粪便等要深埋、发酵或焚烧。

图 7-16　运载工具消毒

7. 工作人员的防护与消毒。

（1）参加疫病防治和消毒工作的人员在进入疫点前要穿戴好防护服、橡胶手套、口罩、护目镜、胶靴。

（2）工作完毕后，在出口处应脱掉防护服、帽、手套、口罩、护目镜、胶靴等，置于容器内进行消毒。消毒方法可采用浸泡、洗涤、晾晒、高压蒸汽灭菌等；一次性用品应集中销毁；工作人员的手及皮肤裸露部位应清洗、消毒。

8. 污水沟消毒。可投放生石灰或漂白粉。

9. 疫点的终末消毒。在疫病被扑灭后，在解除封锁前要对疫点最后进行一次全面彻底消毒。

温馨提示

疫点消毒注意事项

（1）疫点的消毒要全面、彻底，不要遗漏任何一个地方、一个角落。

（2）根据病原微生物的抵抗力和消毒对象的性质和特点不同，选用不同消毒剂和消毒方法，如对饲槽、饮水器消毒应选择对动物无毒、刺激小的消毒剂；对地面、道路消毒可选择消毒效果好的氢氧化钠消毒，可不考虑刺激性、腐蚀性等因素；对小型用具可采取浸泡消毒；对耐烧的设备可取火焰烧灼等。

（3）要运用多种消毒方法，如清扫、冲洗、洗刷、喷洒消毒剂、熏蒸等进行消毒，确保消毒效果。

（4）喷洒消毒剂和熏蒸消毒，一定要在清扫、冲洗后。

（5）消毒时应注意人员防护。

（6）消毒后要进行消毒效果检测，了解消毒效果。

2 无害化处理

对病死动物或扑杀动物、医用垃圾以及带有或疑似带有病原体的其他物品必须进行无害化处理。以下主要介绍因病死亡或扑杀动物的尸体无害化处理，达到消灭传染源、切断传播途径、阻止病原扩散的目的。

一、动物尸体装运

装运动物尸体前要准备运送车辆、包装材料、消毒用品等工具，工作人员应穿戴工作服、口罩、护目镜、胶鞋及手套，做好个人防护。

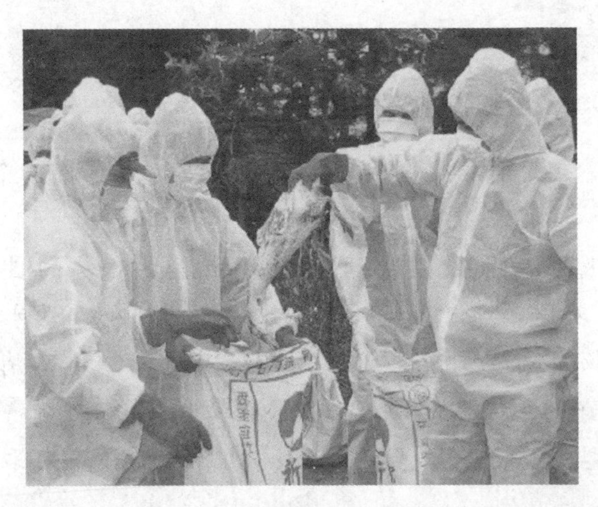

图 7-17 做好个人防护

（一）设置警戒线

动物尸体和其他需无害化处理的物品应设警戒，以防止其他人员接近，防止家养动物、野生动物及鸟类接触和携带染疫物品。如果存在昆虫传播疫病给周围易感动物的危险，就应考虑实施昆虫控制措施。如果对染疫动物及产品的处理被延迟，应用有效消毒药品彻底消毒。

图 7-18　设置无害化处理警戒线

（二）装车运送

装车前应将动物尸体各天然孔用蘸有消毒液的湿纱布、棉花严密填塞。使用密闭、不泄漏、不透水的包装容器或包装材料包装动物尸体，小动物和禽类可用塑料袋盛装，运送的车厢和车底不透水，以免

图 7-19　专用车运送病死动物

流出粪便、分泌物、血液等污染周围环境。在动物尸体停放过的地方，应用消毒液喷洒消毒。土壤地面，应铲去表层土，连同动物尸体一起运走。运送过动物尸体的用具、车辆应严格消毒。工作人员用过的手套、衣物及胶鞋等也应进行消毒。

温馨提示

动物尸体装运注意事项

- 箱体内的物品不能装的太满，应留下半米或更多的空间，以防动物肉尸的膨胀（取决于运输距离和气温）。
- 动物肉尸在装运前不能被切割，运载工具应缓慢行驶，以防止溢溅。
- 工作人员应携带有效消毒药品和必要消毒工具以及处理路途中可能发生的溅溢。
- 所有运载工具在装前卸后必须彻底消毒。

动物尸体无害化处理方法

（一）深埋法

掩埋法是处理畜禽病害肉尸的一种常用、可靠、简便易行的方法。

1. 工具准备。准备挖掘及填埋设备，如挖掘机、装卸机、推土机、平路机和反铲挖土机等。

2. 地点选择。应远离居民区、水源、泄洪区、草原及交通要道，避开岩石地区，位于主导风向的下方，不影响农业生产，避开公共视野。

3. 操作方法。掩埋坑的大小取决于机械、场地和所需掩埋物品的多少。坑的长度和宽度以能容纳侧卧尸体即可，从坑沿到尸体表面不得少于1.5～2米。坑底铺以2～5厘米厚的石灰，将尸体先用10%漂白粉上清液喷雾（200毫升/米^2）作用2小时，然后侧卧放入掩埋坑，并将污染的土层、捆尸体的绳索一起抛入坑内，用40厘米厚的土层覆盖尸体，然后再放入未分层的熟石灰或干漂白粉 20～40 克/米^2（2～5 厘米厚），然后覆土掩埋，平整地面，覆盖土层厚度不应少于 1.5 米。掩埋场应标志清楚，并得到合理保护。

应对掩埋场地进行必要的检查，以便在发现渗漏或其他问题时及时采取相应措施，在场地可被重新开放载畜之前，应对无害化处理场地再次复查，以确保对牲畜的生物和生理安全。复查应在掩埋坑封闭后 3 个月进行。

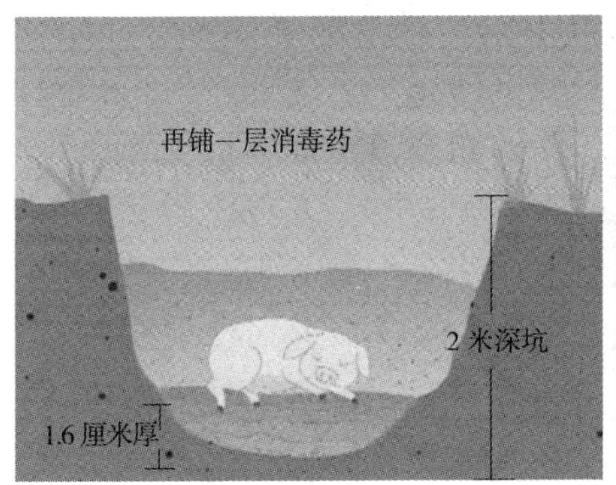

图 7-20　病死动物深埋处理

温馨提示

病死动物深埋处理注意事项

• 石灰或干漂白粉切忌直接覆盖在动物尸体上，因为在潮湿的条件下熟石灰会减缓或阻止动物尸体的分解。

• 对牛、马等大型动物，可通过切开瘤胃（牛）或盲肠（马）对大型动物开膛，让腐败分解的气体逸出，避免因动物尸体腐败产生的气体可导致未开膛动物的臌胀，造成坑口表面的隆起甚至尸体被挤出。对动物尸体的开膛应在坑边进行，任何情况下都不允许人到坑内去处理动物尸体。

• 掩埋工作应在现场督察人员的指挥、控制下，严格按程序进行，所有工作人员在工作开始前必须接受培训。

（二）焚烧法

焚烧法既费钱又费力，只有在不适合用掩埋法处理动物尸体时用。

1. 地点选择。应远离居民区、建筑物、易燃物品，上面不能有电线、电话线，地下不能有自来水、燃气管道，周围有足够的防火带，位于主导风向的下方，避开公共视野。

2. 操作方法。挖一条长、宽、深分别为2.5米、1.5米、0.7米的坑，将取出的土堆堵在坑沿的两侧。坑内用木柴架满，坑沿横架数条粗湿木棍，将尸体放在架上，在尸体的周围及上面再放些木柴，然后在木柴上倒些柴油，并压以砖瓦或铁皮。

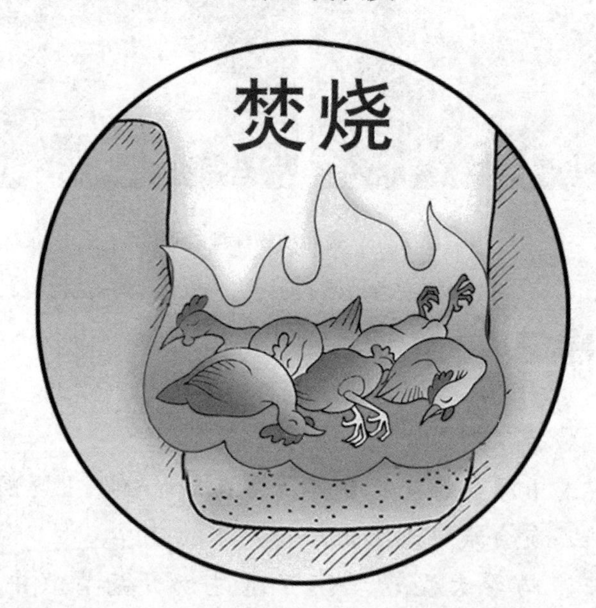

图7-21　病死动物焚烧处理

（三）化制法

化制法是一种较好的动物尸体处理方法，它不仅对动物尸体做到无害化处理，并保留了有价值的产品，如工业用油脂及骨肉粉。此法要求在有一定设备的化制站进行。化制动物尸体时，对烈性传染病，如鼻疽、炭疽、气肿疽、羊快疫等动物尸体可用高压灭菌；对于普通传染病可先切成 4～5 千克的肉块，然后在水锅中煮沸 2～3 小时。

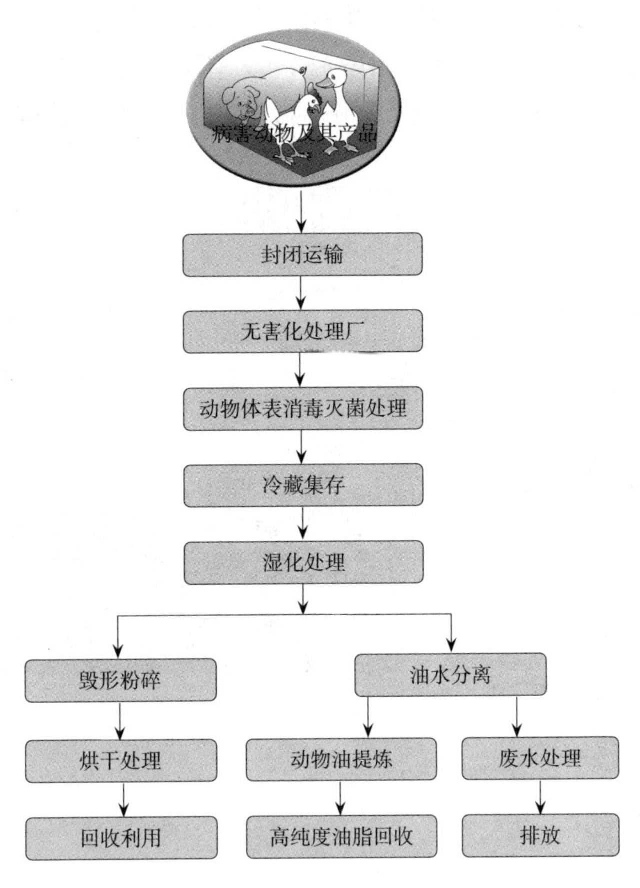

图 7-22 病死动物化制法处理流程

（四）发酵法

发酵法是将动物尸体抛入专门的发酵池内，利用生物热的方法将动物尸体发酵分解，以达到无害化处理的目的。

1. 选择地点。选择远离住宅、动物饲养场、草原、水源及交通要道的地方。

2. 建发酵池。池为圆井形，深 9～10 米，直径 3 米，池壁及池底用不透水材料制作成（可用砖砌成后涂层水泥）。池口高出地面约30厘米，池口做一个盖，盖平时落锁，池内有通气管。如有条件，可在池上修一小屋。

3. 操作方法。将动物尸体堆积于池内，当堆至距池口1.5米处时，再用另一个池。此池封闭发酵，夏季不少于2个月，冬季不少于3个月，待尸体完全腐败分解后，可以挖出作肥料，两池轮换使用。

图7-23　病死动物发酵法处理

参考文献

乔松林，等.2010. 村级动物防疫员实用技术. 北京：中国农业科学技术出版社.

田文霞，等.2007. 兽医防疫消毒技术. 北京：中国农业出版社.

张玉果，等.2010. 乡村兽医知识实用手册. 北京：中国农业大学出版社.

单元自测

1. 消毒可分为哪几类？
2. 消毒的方法有几种？
3. 空气消毒可采用哪些方法？

4. 简述疫点消毒采取的各项措施。

5. 病死动物无害化处理有哪些方法?

技能训练指导

一、喷雾消毒

(一) 材料

消毒药、喷雾器、天平、量筒、容器等,高筒靴、防护服、口罩、护目镜、橡皮手套、毛巾、肥皂等。

(二) 训练目的

了解喷雾器的使用方法,掌握喷雾消毒技术。

(三) 操作方法

1. 配制消毒药。根据消毒药的性质,进行消毒药的配制,将配制的适量消毒药装入喷雾器中,以八成为宜。

2. 打气。感觉有一定抵抗力(反弹力)时即可喷洒。

3. 喷洒。喷洒时将喷头高举空中,喷嘴向上以画圆圈方式先内后外逐步喷洒,使药液如雾一样缓缓下落。要喷到墙壁、屋顶、地面,以均匀湿润和畜禽体表稍湿为宜,不适用带畜禽消毒的消毒药,不得直喷畜禽。喷出的雾粒直径应控制在80～120微米,不要小于50微米。

4. 清理喷雾器。消毒完成后,当喷雾器内压力很强时,先打开旁边的小螺丝放完气,再打开桶盖,倒出剩余的药液,用清水将喷管、喷头和筒体冲干净,晾干或擦干后放在通风、阴凉、干燥处保存,切忌阳光暴晒。

二、消毒液的配制

(一) 材料

量筒、台称、药勺、盛药容器(最好是搪瓷或塑料耐腐蚀制品)、温度计等,工作服、口罩、护目镜、橡皮手套、胶靴、毛巾、肥皂等。

（二）训练目的

掌握消毒液的配制方法。

（三）操作方法

1. 5%氢氧化钠的配制。 称取 50 克氢氧化钠，加入适量常水中（最好用 60～70℃热水），搅拌使其溶解，加水至1 000毫升，即得。

2. 0. 1%高锰酸钾的配制。 称取 1 克高锰酸钾，加水1 000毫升，使其充分溶解即得。

3. 碘酊的配制。 称取碘化钾 15 克，加蒸馏水 20 毫升溶解后，再加碘片 20 克及乙醇 500 毫升，搅拌使其充分溶解，再加入蒸馏水至1 000毫升，搅匀，滤过，即得。

4. 20%石灰乳的配制。 1 千克生石灰加 5 千克水即为 20%石灰乳。配制时最好用陶瓷缸或木桶等。首先把少量水（350 毫升）缓慢加入生石灰内，稍停，使石灰变为粉状的熟石灰时，再加入余下的4 650毫升水，搅匀即成 20%石灰乳。

5. 3%来苏儿的配制。 取来苏儿 3 份，加清水 97 份，混合均匀即成。

6. 碘甘油的配制。 称取碘化钾 10 克，加入 10 毫升蒸馏水溶解后。再加碘 10 克，搅拌使其充分溶解后，加入甘油至1 000毫升，搅匀，即得。

7. 熟石灰（消石灰）配制。 生石灰（氧化钙）1 千克，加水 350 毫升，生成粉末状即为熟石灰，可撒布于阴湿地面、污水池、粪地周围等处消毒。

学习笔记

模块八

疫情报告

1 疫情报告责任人

动物疫情绝不仅仅是养殖者等从业者自己的事情，而且关系到社会公共利益和公共安全，一旦发现，必须报告。动物疫情报告制度是动物疫情防控的首要环节，而责任报告人又是动物疫情报告的关键环节。必须首先明确责任报告人，才能尽快发现疫情，从而及时采取科学的、有力的控制措施，将疫情带来的危害降到最低。而且，规定责任报告人使动物疫情报告更具有可操作性。因为这些主体直接接触动物，他们会在第一时间发现动物的异常情况，与其他人相比，他们更清楚动物的发病情况，只有他们及时报告，才能尽早发现动物疫情。

动物疫情报告责任人如图 8-1 所示。

从事动物疫情监测的单位和个人：指从事动物疫情监测的各级动物疫病预防控制机构及其工作人员，接受兽医主管部门及动物疫病预防控制机构委托从事动物疫情监测的单位及其工作人员，对特定出口动物单位进行动物疫情监测的进出境动物检疫部门及其工作人员。

从事检验检疫的单位和个人：指动物卫生监督机构及其检疫人员，也包括从事进出境动物检疫的单位及其工作人员。

从事动物疫病研究的单位和个人：指从事动物疫病研究的科研单位、大专院校及其工作人员等。

图 8-1 动物疫情报告责任人

从事动物诊疗的单位和个人：主要指动物诊所、动物医院以及执业兽医等。

从事动物饲养的单位和个人：包括养殖场、养殖小区、农村散养户以及饲养实验动物等各种动物的饲养单位和个人。

从事动物屠宰的单位和个人：指各种动物的屠宰厂及其工作人员。

从事动物经营的单位和个人：指在集市等场所从事动物经营的单位和个人。

从事动物隔离的单位和个人：指开办出入境动物隔离场的单位和经营人员。有的地方建有专门的外引动物隔离场，提供场地、设施、饲养有食宿等服务，例如奶牛隔离场。隔离期内没有异常、检疫合格，畜主才能将奶牛运至自家饲养场。

从事动物运输的单位和个人：包括公路、水路、铁路、航空等从事动物运输的单位和个人。

责任报告人以外的其他单位和个人：发现动物染疫或者疑似染疫的，也有报告动物疫情的义务，仅该义务与责任报告人的义务不同，性质上属于举报，他们不承担不报告动物疫情的法律责任。

《动物防疫法》第二十六条规定："从事动物疫情监测、检验检疫、疫病研究与诊疗以及动物饲养、屠宰、经营、隔离、运输等活动的单位和个人，发现动物染疫或者疑似染疫的，应当立即向当地兽医主管部门、动物卫生监督机构或者动物疫病预防控制机构报告，并采取隔离等控制措施，防止动物疫情扩散。其他单位和个人发现动物染疫或者疑似染疫的，应当及时报告。接到动物疫情报告的单位，应当及时采取必要的控制处理措施，并按照国家规定的程序上报。"

2 疫情巡查

疫情巡查与报告是动物防疫一项重要基础工作。做好疫情巡查和报告工作，有利于真正做到动物疫情"早发现、早诊断、早处置"，把疫情控制在最小范围内，把疫情损失降到最低程度。疫情巡查每周不少于一次。在疫病高发季节，应增加巡查频次。对河流、水沟、野生动物栖息地和出没地等也要进行巡查。应做好巡查记录。

疫情巡查的内容主要包括以下方面：

(1) 发病场（户）的名称及地址。

(2) 发病场（户）的一般特征，包括地理情况，地形特点，气候（季节、天气、雨量等），发病场（户）技术水平和管理水平，饲养家畜种类、品种、数量、用途和发病、死亡数量。

(3) 发病场（户）流行病学情况：①发病场（户）补充牲畜的情况、检疫情况。②免疫接种情况（免疫程序、疫苗名称、生产厂家、供应商、批号、接种方法、剂量等）。③使用药物情况（日期、药物名称、生产厂家、供应商、批号、使用方法、剂量等)。④发病场(户)家畜既往患病情况,防治情况。⑤饲料的品质和来源地,其保存、调配和饲喂的方法。⑥饮水类型(水井、水池、小河、自来水等)和饮水方式等情况。⑦发病场(户)畜舍及场区的卫生状况。

(4)发病场(户)周边环境兽医卫生特性:①有无蚊、蝇、蜱等媒介昆虫存在。②粪便的清理及其贮存场所的位置和状况。③污水处理及排出情况。④动物尸体的处理、利用和销毁的方法。⑤邻近场(户)有无类似疫病发生及流行情况。

流行病学调查

(一)调查方法

1. 询问调查。这是主要的流行病学调查方法。询问对象主要是动物饲养管理和疫病防疫检疫以及生产管理等有关知情人员。在询问调查中可以多种方式进行。要注意尊重客观事实,避免凭主观臆断而进行诱导。

2. 现场观察。进行实地观察现场,进一步验证和补充询问调查所获得的资料。可根据不同种类的疾病进行重点项目的调查。

3. 实验室检查。为了确诊,往往需要应用病原学、血清学、变态反应、尸体剖检和病理组织学及现代生物技术等各种诊断方法检查,以发现隐性感染,证实传播途径,测定动物群体免疫水平和有关病因因素等。为了掌握外界环境因素在流行病学上的作用,可对有污染嫌疑的各种材料(水、饲料、土壤、畜产品)和传播媒介(昆虫和野生动物)进行微生物学和物理化学检验,以确定可能的传播媒介和传染源。对某些传染病还可用血清学方法对动物群体免疫水平进行测定等。

4. 生物统计学方法。在调查时可应用生物统计学的方法统计疫情。必须对所有的发病数、死亡数、屠宰数以及预防接种数等加以统计、登记和分析整理。

（二）调查内容

流行病学调查的内容根据调查的目的和类型的不同而有所不同。针对诊断疫病和制定防治措施为目的的流行病学调查内容，主要有以下几个方面。

1. 本次流行情况调查。

（1）各种时间关系。包括最初发病的时间，患病动物最早死亡的时间，死亡出现高峰以及高峰持续的时间，以及各种时间之间的关系等。

（2）空间分布。最初发病的地点，随后蔓延的情况，目前疫情的分布及蔓延趋向等。

（3）发病动物群体的背景及现状资料。疫区内各种动物的数量和分布，发病和受威胁动物的种类、品种、数量、年龄、性别等。

（4）各种频率指标。感染率、发病率、病死率等。

（5）防治措施。采取了哪些措施及效果。

2. 疫情来源调查。主要包括既往病史和可能存在的生物、物理和化学等各种致病因子。

3. 传播途径和方式调查。主要包括饲养管理、检疫情况、自然环境和野生动物、昆虫和鼠类等传播媒介的分布和活动情况。

4. 相关资料调查。该地区的政治、经济基本情况，人们生产和生活活动以及流动的基本情况和特点，动物防疫检疫机构的工作情况，当地有关人员对疫情的看法等。

调查者可根据以上调查内容设计出简明、直观、便于统计分析的表格及提纲，调查中做好调查记录。

流行病学分析

流行病学分析是用流行病学调查材料来揭示传染病流行过程的本质和相关因素。将上述现场调查和现有的实验室检查资料汇总，然后对原来提出的假设作直观分析，如果需要还可作统计分析。当一个假设被否定后，必须提出另一个假设。得出结论后，对有效措施作出正确评价，提出预防和消灭传染病的计划和建议，以指导防疫实践。在流行病学分析中常用的度量指标有以下几种。

（一）发病率

发病率是指一定时期内某动物群中发生某病新病例的频率。发病率能较全面地反映出传染病的流行情况，但还不能说明整个流行过程，因为常有许多动物呈隐性感染，而同时又是传染源。

$$发病率=\frac{某期间内某病的新病例数}{某期间该动物的平均数}\times 100\%$$

（二）死亡率

死亡率有两种情况：一是指某动物群体在一定时间内死亡总数与该群体同期动物平均数之比；如按疾病种类计算，则是指某病死亡数占某种动物总数的百分比。

$$死亡率(1)=\frac{一定时间内死亡总数}{该群体同期动物平均数}\times 100\%$$

$$死亡率(2)=\frac{因某病死亡头数}{同时期某种动物总头数}\times 100\%$$

（三）病死率

病死率是指一定时期内患某病的动物中因该病而死亡的频率。病死率能表示某病在临诊上的严重程度，因此能比死亡率更为精确地反映出传染病的流行过程。

$$病死率=\frac{因某病致死头数}{患该病动物总数}\times 100\%$$

（四）患病率

患病率也称流行率、病例率，是在某一指定时间动物群中存在某病的病例数的比率，病例数包括该时间内的新老病例，但不包括此时间前已死亡和痊愈者。

$$患病率=\frac{在某一指定的时间动物群中存在某病病例数}{在同一指定的时间动物群中动物总数}\times 100\%$$

（五）感染率

感染率是指所有感染动物总数（含隐性感染）占被检查的动物总数的百分比。有些传染病感染后不一定发病，但可以用临诊诊断和各种检验方法（微生物学、血清学、变态反应等）进行检查测定。

$$感染率=\frac{感染某传染病的动物头数}{检查总头数}\times 100\%$$

（六）携带率

携带率是与感染率相近似的概念，分子为群体中携带某病原体的动物数，分母为被检动物总数。根据病原体的不同又可分为带菌率、带毒率、带虫率等。

$$携带率=\frac{群体中携带某病原体的动物数}{被检动物总数}\times 100\%$$

温馨提示

在进行流行病学调查时，要深入现场观察，全面搜集资料，采取个别访问或开调查会的方式进行调查。在调查中，要客观地听取各种意见，然后加以综合分析，特别是在发生疑似中毒的情况下，调查时更细致与谨慎。

3 疫情报告的形式和内容

发现动物染疫或疑似染疫时，应当立即向乡（镇）动物防疫机构报告，若乡（镇）动物防疫机构没有及时做出反应，可直接向市、县兽医主管部门、动物防疫监督机构或动物疫病预防控制机构报告。在报告动物疫情的同时，对染疫或疑似染疫的动物应采取隔离措施，限制动物及其产品流动，防止疫情扩散。

基层动物疫情报告的形式和内容

基层动物疫情责任报告人的报告形式可以是电话报告，到当地兽医主管部门、动物卫生监督机构或者动物疫病预防控制机构的办公地点报告，找有关人员报告，书面报告等。报告的内容为疫情发生的时间、地点，染疫、疑似染疫动物种类和数量，同群动物数量，免疫情况，死亡数量，临床症状，病理变化，诊断情况，流行病学和疫源追踪情况，已采取的控制措施，疫情报告的单位、负责人、报告人及联系方式。

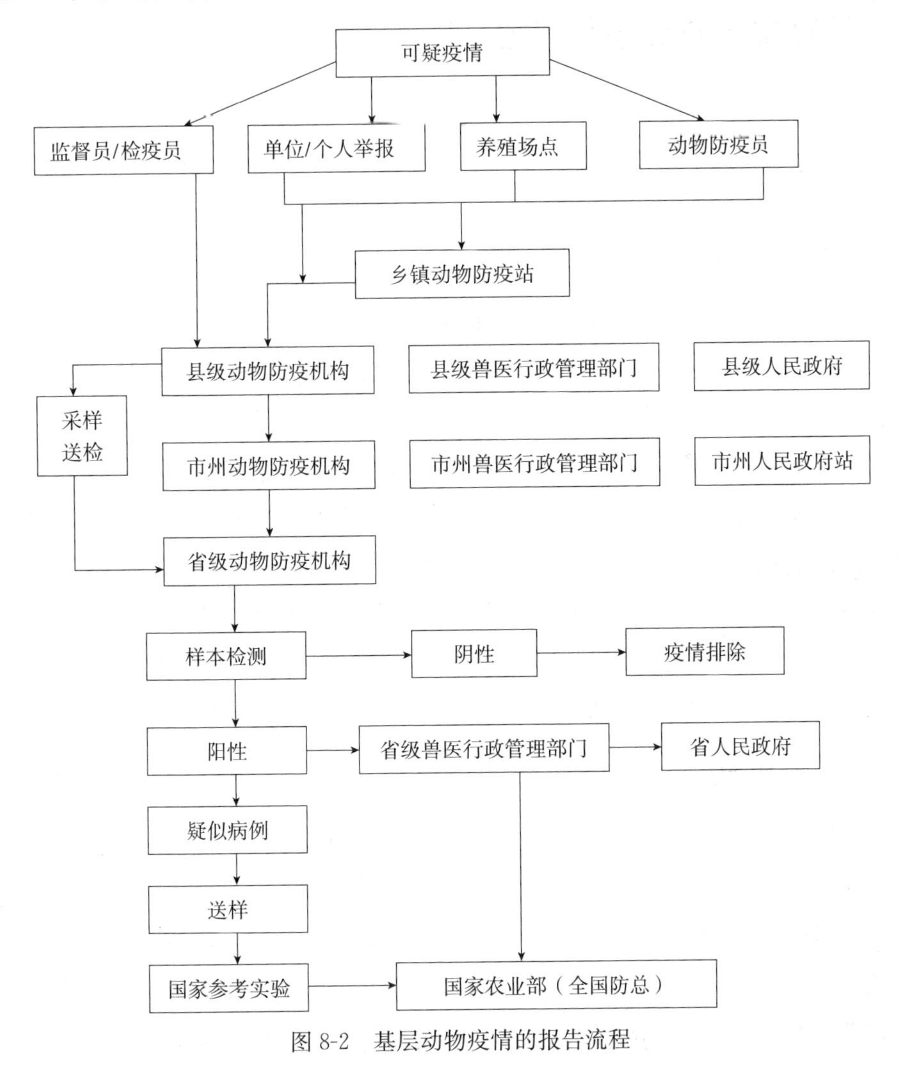

图 8-2　基层动物疫情的报告流程

动物防疫监督机构疫情报告的形式和内容

动物防疫监督机构动物疫情报告的形式可进行快报、月报、年报。

疫情报告工作中，要严格执行国家有关疫情报告的规定及本省份动物防疫网络化管理办法，认真统计核实有关数据，防止误报、漏报，严禁瞒报、谎报。保证做到及时上报、准确无误。

4 疫情报告的程序和时限

疫情报告程序

（一）选择报告时机

动物疫情责任报告人的报告时机是指发现动物染疫或者疑似染疫时间，染疫是指动物患传染性疾病；疑似染疫是指尚未确诊，但有症状或征候表明动物可能染疫。由于动物疫病，不仅该个体患病，而且与该患病个体直接接触或间接接触的同群动物、周边易感动物也发生此病。通常动物疫病传染性强，易感动物发病率高，死亡率高，生产性能受到严重影响，可能对公众身体健康与生命安全造成危害。动物疫情的报告时机，是十分必要的，是控制动物疫情“早”字方针的体现。动物疫情责任报告人发现传播快、死亡率高、生产性能下降明显、常规治疗和防控措施无效等异常情况时，必须立即报告。

（二）疫情报告程序

动物疫情责任报告人发现动物染疫或者疑似染疫时，必须履行动物疫情报告义务，可以向当地兽医主管部门、动物卫生监督机构或者动物疫病预防控制机构之一报告，也可以向县区兽医主管部门在乡镇或区域的派出机构报告，向官方兽医部门或者当地乡镇人民政府聘用的村动物防疫员报告。接到疫情报告的乡镇或区域派出机构或村动物防疫员，应立即向当地兽医主管部门、动物卫生监督机构或者动物疫病预防控制机构报告。非上述三个机构的其他单位和个人获取有关动物疫情信息的，应当立即向当地三个兽医机构之一报告，并移送有关材料。不得未经兽医主管部门公布，直接散布动物疫情信息。

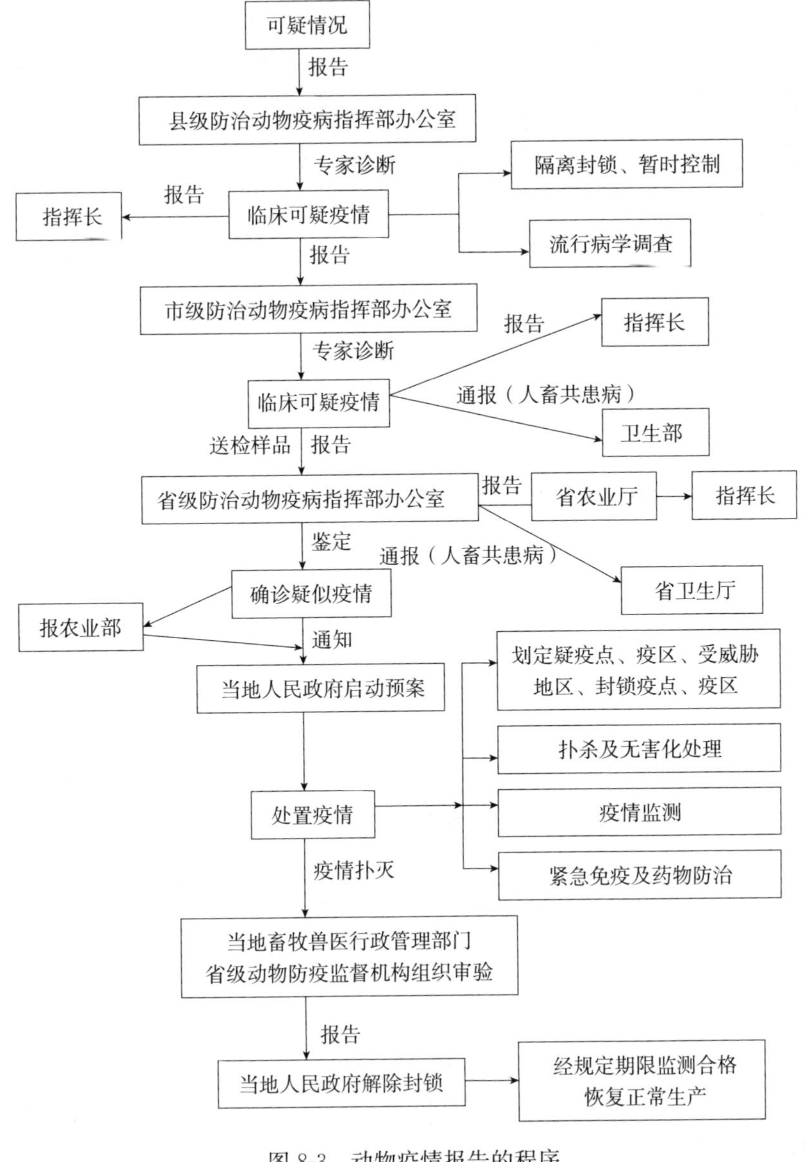

图 8-3 动物疫情报告的程序

动物疫情责任报告人在报告动物疫情的同时，应当立即主动采取隔离、消毒等防控措施，不得转移、出售、抛弃该疫点动物，防止疫情传播蔓延。

当地兽医主管部门、动物卫生监督机构或者动物疫病预防控制机构中的任何单位，接到动物疫情报告后，应当立即派技术人员以及动物卫生监督执法人员赶赴现场，按有关规定及时采取必要的行政和技术控制处理措施，例如疫点封锁、染疫动物隔离、病死动物哲控、场所及周边环境的消毒等，防止疫情传播蔓延。还要按照农业部《动物疫情报告管理办法》规定的程序和内容上报。

疫情报告时限

根据农业部制定的《动物疫情报告管理办法》，动物疫情报告实行快报、月报和年报制度。

（一）快报

所谓快报，就是在发现某些传染病或紧急疫情时，应以最快的速度向有关部门报告，以便迅速启动应急机制，将疫情控制在最小的范围，最大限度地减少疫病造成的经济损失，保护人畜健康。

县级动物防疫监督机构和国家测报点确认发现一类或者疑似一类动物疫病，二类、三类或者其他动物疫病呈暴发性流行、新发现的动物疫情、已经消灭又发生的动物疫病等时，应在24小时之内快报至中国动物疫病预防控制中心。中国动物疫病预防控制中心应在12小时内报国务院畜牧兽医行政管理部门。

如果属于重大动物疫情的，应按照国务院《重大动物疫情应急条例》的规定上报。该条例第十七条规定：县（市）动物防疫监督机构接到报告后，应当立即赶赴现场调查核实。初步认为属于重大动物疫情的，应当在2小时内将情况逐级报省、自治区、直辖市动物防疫监督机构，并同时报所在地人民政府兽医主管部门；兽医主管部门应当及时通报同级卫生主管部门。省、自治区、直辖市动物防疫监督机构应当在接到报告后1小时内，向省、自治区、直辖市人民政府兽医主管部门和国务院兽医主管部门所属的动物防疫监督机构报告。省、自治区、直辖市人民政府兽医主管部门应当在接到报告后1小时内报本级人民政府和国务院兽医主管部门。重大动物疫情发生后，省、自治区、直辖市人民政府和国务院兽医主管部门应当在4小时内向国务院报告。

（二）月报

月报即按月逐级上报本辖区内动物疫病情况，为上级部门掌握分析疫情动态、实施防疫监督与指导提供可靠依据。县级动物防疫监督机构对辖区内当月发生的动物疫情，于下一个月5日前将疫情报告地（市）级动物防疫监督机构，地（市）级动物防疫监督机构每月10日前报告省级动物防疫监督机构，省级动物防疫监督机构于每月15日前报中国动物疫病预防控制中心，中国动物疫病预防控制中心将汇总分析结果于每月20日前报国务院畜牧兽医行政管理部门。

（三）年报

年报实行逐级上报制。县级动物防疫监督机构应在每年1月10日前将辖区内上一年的动物疫情报告地（市）级动物防疫监督机构，地（市）级动物防疫监督机构应当在1月20日前报省级动物防疫监督机构，省级动物防疫监督机构应当在1月30日前报中国动物疫病预防控制中心，最后由中国动物疫病预防控制中心将汇总分析结果于2月10日前报国务院畜牧兽医行政管理部门。

重大动物疫情认定程序及疫情公布

县（市）动物防疫监督机构接到可疑动物疫情报告后，应当立即赶赴现场诊断，必要时可请省级动物防疫监督机构派人协助进行诊断，认定为疑似重大动物疫情的，应立即按要求采集病料样品送省级动物防疫监督机构实验室确诊，省级动物防疫监督机构不能确诊的，送国家参考实验室确诊。确诊结果应立即报农业部，并抄送省级兽医行政管理部门。

重大动物疫情由国务院兽医主管部门按照国家规定的程序，及时准确公布；其他任何单位和个人不得公布重大动物疫情。

参考文献

陆桂平，胡新岗，等．2010. 动物防疫技术．北京：中国农业出版社．

王功民，等．2008. 村级动物防疫员技能培训教材．北京：中国农业出版社.

单元自测

1. 动物疫情报告责任人有哪些？
2. 简述动物疫情报告的快报、月报和年报制度。
3. 流行病学调查的内容有哪些？
4. 简述进行疫情报告时需要陈述的内容。

学习笔记

图书在版编目（CIP）数据

村级动物防疫员/王可，王忠坤主编．—北京：中国农业出版社，2014.10（2018.1重印）
农业部新型职业农民培育规划教材
ISBN 978-7-109-19644-5

Ⅰ.①村…　Ⅱ.①王…②王…　Ⅲ.①兽疫－防疫－技术培训－教材　Ⅳ.①S851.3

中国版本图书馆 CIP 数据核字（2014）第 232595 号

中国农业出版社出版
（北京市朝阳区麦子店街 18 号楼）
（邮政编码 100125）
责任编辑　张德君　司雪飞

北京通州皇家印刷厂印刷　　新华书店北京发行所发行
2014 年 11 月第 1 版　　2018 年 1 月北京第 3 次印刷

开本：700mm×1000mm　1/16　　印张：13
字数：187 千字
定价：36.00 元